Dieter L. Schmich

Lebenslauf Anschreiben Erfahrungsprofil Arbeitszeugnisse

Dieter L. Schmich

Lebenslauf
Anschreiben
Erfahrungsprofil
Arbeitszeugnisse

Aktuelle Anforderungen für hochwertige
Bewerbungsmappen und Onlinebewerbungen

dielus edition
www.dielus.com

© 2014 dielus edition Dieter Schmich
Lebenslauf, Anschreiben, Erfahrungsprofil, Arbeitszeugnisse, 3. Auflage
Alle Rechte vorbehalten.

Dieses Buch wird durch ein inhabergeführtes Kleinunternehmen verlegt. Es wird versichert, dass keine Beteiligungen durch internationale Investorengruppen, Großverlage oder sonstige Konzerne bestehen. Der Inhalt dieses Buchs folgt ausschließlich unabhängigen, freigeistigen sowie fachlich orientierten Gesichtspunkten.

Umschlaggestaltung: dielus edition
Umschlagabbildung: © iStockphoto.com (Mikael Damkier)
Printed in Germany

ISBN 978-3-9815711-1-0

Bibliografische Information der Deutschen Bibliothek: Die Deutsche Bibliothek verzeichnet diese Publikation in der Deutschen Nationalbibliografie; detaillierte bibliografische Daten sind im Internet abrufbar über https://portal.d-nb.de

Erfolgsstrategien auf den Punkt gebracht von Dieter L. Schmich

Band 1	Band 2	Band 3
Bewerbung vorbereiten	Job finden	Karriere machen

dielus **edition**

Dieter L. Schmich

Lebenslauf
Anschreiben
Erfahrungsprofil
Arbeitszeugnisse
Aktuelle Anforderungen für hochwertige
Bewerbungsmappen und Onlinebewerbungen

dielus **edition**

Dieter L. Schmich

In 4 Wochen
zum besseren Job
Durch zielgenaue Bewerbung in wenigen
schneller zum Erfolg

dielus **edition**

Dieter L. Schmich

Sicherheit
und Karriere
durch Networking

ISBN 978-3-9815711-1-0   ISBN 978-3-9815711-0-3   ISBN 978-3-9815711-2-7

(1) Im ersten Band analysiert unser Goldfisch sein berufliches Können und erstellt moderne, aussagekräftige Bewerbungsunterlagen.

(2) Danach stellt er sicher, dass er in wenigen Wochen attraktive Positionen findet und in Vorstellungsgesprächen den Zuschlag erhält.

(3) Schließlich kümmert er sich im dritten Teil um seine weitere Karriere. Er schließt sich mit anderen Goldfischen zusammen, um berufliche und soziale Netzwerke zu schaffen. Er möchte für jede Lebenslage über die richtigen Verbündeten und Informationen verfügen. Nun kann er dynamischen Zeiten nicht nur gelassener entgegentreten, sondern auch schneller seine beruflichen und persönlichen Ziele erreichen.

Obwohl die drei Bücher zusammen betrachtet ein kausal verknüpftes Karrierekonzept bilden, sind sie in sich abgeschlossen und auch unabhängig voneinander lesbar. Um dies zu gewährleisten, waren an wenigen Stellen kurze Wiederholungen notwendig.

Inhaltsverzeichnis

Senden Sie uns bitte aussagekräftige Bewerbungsunterlagen

Diese Aufforderung liest man regelmäßig in Stellenanzeigen. Und schon beginnt das Rätselraten, was das Gegenüber wohl genau wünschen könnte. Was verstehen Unternehmen unter dem Begriff „Aussagekräftige Bewerbungsunterlagen"?

Dann geht erst einmal das Recherchieren im Internet los. Dort entdeckt man dann Hunderte (wenn nicht Tausende) von Seiten zu diesem Thema. Einige bieten interessante Inspirationen, andere nichts Außergewöhnliches und dann gibt es noch Tipps, die schon zu Zeiten unserer Eltern veraltet waren. Hat man einige Internetpräsenzen hinter sich, stellt man fest, dass man nicht weitergekommen ist. Mehr oder weniger widersprechen sich die Ratschläge.

Schließlich werden Freunde, Eltern oder Verwandte konsultiert, die aber in das Chaos unterschiedlicher Ansichten auch keine Klarheit bringen. Man steht weiterhin vor einem Berg widersprüchlicher Informationen. Zu guter Letzt werden Fachleute befragt. Diese sind in der Hauptsache ehemalige oder noch aktive Personalbeauftragte. Solche Experten kennen verständlicherweise nur solche Kriterien besonders gut, wie sie bei demjenigen Unternehmen gelten, für die sie selbst tätig sind bzw. waren. Es wird vorausgesetzt, dass diese Leitlinien auch in allen anderen Firmen das Maß aller Dinge ist. Dies ist jedoch ein Irrtum. Aufmerksame Jobsuchende finden schnell heraus, dass selbst Unternehmen untereinander sich nicht einig sind, welche Anforderungen an moderne Bewerbungsunterlagen als allgemeingültig angesehen werden können.

Wer hat jetzt recht? Was machen Bewerbungen zu aussagekräftigen Dokumenten? Wie schafft man es, die Vielzahl unterschiedlicher Meinungen auf der Arbeitgeberseite unter einen Hut zu bringen? Um diese

Dieter L. Schmich

Fragen zu beantworten, habe ich dieses Buch geschrieben. Ich werde versuchen, Licht in dieses Informationschaos zu bringen.

Darüber hinaus gibt es seit geraumer Zeit neben der Erstellung von Bewerbungsmappen eine weitere Herausforderung zu meistern – die Onlinebewerbung. Eine angenehme, schnelle und vor allem kostengünstige Methode, um Bewerbungen an Firmen zu übermitteln. Ein schöner technischer Fortschritt, der jedoch nicht nur positive Aspekte mit sich bringt: Um für den Empfänger einsehbare Onlinebewerbungen erstellen zu können, sind ausreichende PC-, Internet- und E-Mail-Kenntnisse erforderlich. Gleichzeitig benötigt man Wissen über digitale Bildbearbeitung und passende Dateiformate. Ganz zu schweigen von der Kunst, Zeugnisse und Belege hochwertig einzuscannen, mehrere Dateien zu einer einzigen zusammenzuführen und zu große Datenmengen bei ausreichender Qualität auf ein Minimum zu komprimieren. Die Fachwelt geht davon aus, dass ein nicht unbedeutender Anteil online versandter Unterlagen aufgrund falscher Formate sowie zu großen Dateien niemals gesichtet werden können. Im Extremfall kommen Sie bei Unternehmen gar nicht an, und dies alles unbemerkt von den betroffenen Jobsuchenden. Auch zu diesem Thema werde ich Hilfestellung leisten, damit auch Ihre onlineversandten Bewerbungsunterlagen einwandfrei auf der Arbeitgeberseite zu öffnen und damit auch lesbar sind.

Zu allem Überfluss haben wir es noch mit einer völlig veränderten Arbeitswelt zu tun. Zeitgemäße Unterlagen haben dieser Tatsache Rechnung zu tragen. Die Ansprüche an den fachlichen Inhalt von Bewerbungen haben sich deutlich gewandelt. In den letzen Jahren ist die Vielfalt möglicher Berufsbilder nahezu explodiert. Zugleich sind Aufgaben und Verantwortlichkeiten hochspezifisch auf die Interna der Unternehmen zugeschnitten. Allgemeingültige Begriffe für Tätigkeitsbereiche, die gleichzeitig eindeutig auf die bewältigten Aufgaben eines Angestellten schließen lassen, sind daher immer weniger machbar. Arbeitssuchende müssen heute in Ihren Bewerbungsunterlagen bisherige Positionen und Zuständigkeiten näher erläutern, damit auch Außenstehende sich ein klares Bild von Ihren Kenntnissen und Fähigkeiten machen können.

Die Zeiten sind also endgültig vorbei, in denen man sich darauf beschränkte konnte, im tabellarischen Lebenslauf seine schulischen und beruflichen Stationen herunterzurattern und im Anschreiben lediglich ein paar gut formulierte Zeilen zu schreiben. Zumindest in diesem einen Punkt sind sich nahezu alle Firmen einig: Man wünscht sich nicht nur die ausführliche Beschreibung von Berufserfahrungen, sondern möchte schnell (im Idealfall in Sekunden) diese Informationen aufnehmen können. Niemand möchte sich mehr zeitraubend und umständlich in Bewerbungsunterlagen einarbeiten. Zeitgemäße Jobsuchende müssen bei der Erstellung ihrer Unterlagen in der Lage sein, diese Gratwanderung zwischen umfangreicher Aussagekraft und schneller Bearbeitungsfähigkeit zu meistern.

Sie sehen, die Erstellung hochwertiger Bewerbungsunterlagen stellt sich heute als eine komplexe Aufgabe dar. Daher liegt es in der Natur der Sache, dass bei Unternehmen zahlreiche Bewerbungen eingehen, die in keiner Weise der heutigen Erwartungshaltung entsprechen. Sie haben richtig gelesen: In keiner Weise! Als würden zwei Welten aufeinander treffen, die keine gemeinsame Sprache finden können. Manche Arbeitgeber sind derart verzweifelt über die mangelnde Aussagekraft und Bearbeitungsfähigkeit mancher Unterlagen, dass diese schon Tipps auf ihren Internetpräsenzen veröffentlichen, um zumindest Mindeststandards für eingehende Bewerbungen erfüllt zu bekommen.

Lange Rede kurzer Sinn: Sie benötigen heute Spezialwissen, um hochwertige Bewerbungsunterlagen erstellen und sicher übermitteln zu können. Erfahrungen sind vonnöten, welche Wünsche derzeit auf der Arbeitgeberseite bestehen. Welche fachlichen Inhalte sind gefordert? Wie kann ich umfangreiche Informationen liefern, ohne Gefahr zu laufen, dass meine Unterlagen zu unübersichtlich wirken? Auf welche Weise sind Bewerbungen zu strukturieren und zu formatieren? Welche Standards gelten heute bezüglich Text- und Bildbearbeitung und welche Dateiformate müssen heute verwendet werden? Nur wer sich tagtäglich mit diesen Themen beschäftigt, wird auf dem Laufenden sein können. Für die überwiegende Mehrzahl von Bewerbern ist dies nicht möglich, schließlich sind sie nur alle paar Jahre auf der Suche nach einem neuen Arbeitsplatz.

Mir ist bewusst, dass sich nicht jeder Jobsuchende einen Bewerbungscoach leisten möchte. Dies ist für Sie ab jetzt auch nicht mehr notwendig. Ich werde Ihnen mit diesem Werk eine strukturierte Anleitung an die Hand geben, mit deren Hilfe Sie sich in die Lage versetzen, zeitgemäße, hochwertige und damit beeindruckende Bewerbungsmappen und Onlinebewerbungen zu erstellen. Das Ganze runde ich ab, durch zahlreiche Musterbeispiele für tabellarische Lebensläufe, Erfahrungsprofile und Anschreiben. Da zu „Vollständigen Bewerbungsunterlagen" natürlich auch Ihre Zeugnisse und Zertifikate zählen, gebe ich Ihnen auch dazu einige wichtige Informationen. Sie sollten nicht nur wissen, welche Belege in welcher Form beizulegen sind, sondern vor allem darüber unterrichtet sein, was Ihre Arbeitszeugnisse tatsächlich aussagen, bevor Sie diese anderen Leuten vorlegen.

Ich wünsche Ihnen nun viel Spaß beim Lesen. Im Übrigen halten Sie ein Arbeitsbuch in Händen. Ich empfehle, zunächst alle Kapitel erst einmal durchzulesen. Erst danach sollten Sie der Reihe nach alle Übungsaufgaben bearbeiten bzw. Ihre Notizen eintragen. So nähern Sie sich Schritt für Schritt solchen Bewerbungsunterlagen, die nicht nur den Zeitgeist treffen, sondern auch vollständig, werthaltig und aussagekräftig sind.

Ihr Dieter L. Schmich

1 Grundsätzliche Anforderungen

Es gibt viele kleine Mosaiksteinchen zu beachten, damit im Gesamtergebnis hochwertige Bewerbungsunterlagen entstehen können. Bevor wir jedoch Einzelkriterien besprechen, schauen wir uns zunächst die übergeordneten grundsätzlichen Anforderungen an.

Sie müssen mit Ihrer Bewerbung einem (möglicherweise auch mehreren) Lesern einen Anlass geben, einen Vorstellungstermin mit Ihnen zu vereinbaren. Er sollte beschließen, Sie persönlich kennenlernen zu wollen. Sie haben ihn zu motivieren, zunächst einmal seine Zeit in Sie zu investieren. Danach erwarten Sie noch mehr:

Sie suchen jemanden, der Geld auf Ihr Konto überweisen soll, das heißt, der Ihre Existenz finanziert.

Möglicherweise streben Sie aber auch berufliche Erfüllung oder andere berufliche Annehmlichkeiten an. Auf jeden Fall erwarten Sie etwas ganz Konkretes von Ihrem Gegenüber. Sie streben sozusagen eine Geschäftsbeziehung mit ihm an: Sie möchten berufliche Vorteile erzielen und sind im Gegenzug bereit, Ihre Arbeitskraft zur Verfügung zu stellen.

Fassen Sie Ihre Arbeitskraft als eine Dienstleistung auf, die Sie Unternehmen gegen Gehaltszahlung anbieten möchten.

Aus diesem Grund müssen Sie logischerweise Ihre Arbeitskraft in Ihren Unterlagen beschreiben. Es stellt sich die Frage, auf welche Weise Sie dies optimal bewerkstelligen können.

Bevor wir jedoch zur Beantwortung dieser spannenden Frage

kommen, schauen wir uns zunächst einen tabellarischen Lebenslauf im Stile vergangener Jahre an.

Lebenslauf

Name:	Sabine Mustermann
Adresse:	Weg 1, 10000 Musterau
	Telefon: 030/12345
	Mobil: 0123/1234567
	E-Mail: muster@mail.de
Geburtsdaten:	TT. Monat JJJJ in Musterheim
Familienstand:	ledig

Beruflicher Werdegang

Seit 01.06.10	**Assistentin der Geschäftsleitung bei Muster AG, Musterstadt**
03/98 - 12/09	**Vertriebsassistentin bei Musterpharma GmbH, Musterberg**
08/95 - 02/98	**Bürokauffrau bei Musterfima, Musterheim**

Schule und Berufsausbildung

1993 - 1995	**Berufsausbildung zur Bürokauffrau bei Musterunternehmen, Musterheim**
1987 - 1993	**Musterholtz-Realschule mit Abschluss, Musterheim**

Sonstige Fähigkeiten und Kompetenzen

- Gute PC-Kenntnisse
- Verhandlungssicheres Englisch in Wort und Schrift
- Französisch, Grundkenntnisse
- Führerschein Klasse B

TT.MM.JJJJ   *Sabine Mustermann*

Was wissen Sie nun über die Dame? Wo gibt es einen Anlass, um sich mit der Bewerberin eine Stunde zusammensetzen zu wollen? Bevor ich

dazu Stellung nehme, schauen wir uns noch einen anderen Bewerbungsfall an. Diesmal ein Anschreiben aus den 1990er Jahren:

Sebastian Muster
Musterstraße 13
68782 Musterstadt
Tel.-Nr.: 06202 123456

Musterinstitut für Mustertechnik & Musterlogie
Friedrich-Muster-Straße 10
68167 Musterstadt   TT.MM.JJJJ

Bewerbung als medizinisch-technischer Laborassistent

Sehr geehrte Frau Musterfrau,

gemäß Ihrer Stellenanzeige in der Muster-Tageszeitung vom TT.MM.JJJJ suchen
Sie einen medizinisch-technischen Laborassistenten in Teilzeit. Hierfür bewerbe
ich mich.

Aufgrund meiner schulischen Bildung und meines beruflichen Werdegangs bin ich
davon überzeugt, für diese Tätigkeit geeignet zu sein. Ausreichende Berufserfahrung und Praxis kann ich vorweisen.

Zu meinen Stärken gehören Pünktlichkeit, Zuverlässigkeit und Teamfähigkeit. Als
Grund für meine Bewerbung möchte ich angeben, dass ich einen neuen Wirkungskreis und neue Herausforderungen suche. Insbesondere eine anspruchsvolle Tätigkeit in einem kooperationsbereiten Team würde meinem Naturell sehr entsprechen.

Die molekularbiologische Abteilung meines jetzigen Arbeitgebers wurde hier am
Standort aufgelöst und nach Hamburg verlagert. Mein Arbeitsverhältnis endet daher aus betrieblichen Gründen zum TT.MM.JJJJ. Ich könnte deshalb die Arbeit
zum nächstmöglichen Zeitpunkt bei Ihnen aufnehmen.

Da ich in vielen Tätigkeitsfeldern eingesetzt war, möchte ich Sie bitten, die genaueren Details aus den beigefügten Zeugnissen zu entnehmen. Über eine Einladung zu einem Vorstellungsgespräch würde ich mich freuen.

Mit freundlichen Grüßen

Sebastian Muster
Sebastian Muster

Bewerbungsunterlagen

Auch wenn Ihnen nicht bekannt ist, auf welche jeweiligen Positionen die
beiden Kandidaten sich bewerben, erkennen Sie sicher leicht, warum

solche Anschreiben und Lebensläufe nicht mehr zeitgemäß sind. Im schlechtesten Fall führen sie dazu, dass der Betrachter auf der Arbeitgeberseite genervt zur nächsten Bewerbung übergeht, schließlich hat er in der Regel noch weitere, zahlreiche Unterlagen zu sichten.

Es wird aber auch Leserinnen und Leser geben, denen nicht sofort einleuchtet, warum die gezeigten Beispiele schlichtweg das Thema verfehlen. Es gibt viele Jobsuchende, die sich nicht darüber bewusst sind, was heute die Gegenseite wünscht. Die Anforderungen an Bewerbungsunterlagen haben sich in den letzten Jahren deutlich gewandelt.

Es werden heute mehr aussagekräftige Informationen über Ihre fachliche und persönliche Leistungsfähigkeit erwartet.

Um die Ursachen für die Überbetonung von leistungsorientierten Fakten erklären zu können, muss ich zunächst ein paar Worte zur allgemeinen wirtschaftlichen Situation von Arbeitgebern verlieren.

Vielleicht haben Sie noch die ‚goldenen Zeiten‘ der 1980er bis 1990er Jahren erlebt: Sichere Beschäftigungsverhältnisse, die manchmal über Jahrzehnte bestanden. Unternehmensstrukturen und Arbeitsabläufe, die über Jahre hinweg nahezu statisch blieben. Wettbewerbs- und Marktkonstellationen, die sich für Firmen gar nicht oder höchstens nur langsam wandelten. Gehälter, die nahezu automatisiert anstiegen und professionelle Personalauswahlverfahren, für die sich die Unternehmen Wochen bis Monate Zeit nehmen konnten.

Dies alles gehört jedoch der Vergangenheit an. Die wirtschaftlichen Rahmenbedingungen haben sich in den letzten Jahren für die meisten Branchen dramatisch verändert. Die Märkte sind heute mehr oder weniger gesättigt. Viele Unternehmen stehen heute in einem harten Verdrängungswettbewerb. Zudem haben sie es aufgrund der globalisierten Märkte mit neuen und zahlreicheren Konkurrenten zu tun. Solche internationalen Wettbewerbskonstellationen treffen natürlich als erstes Großkonzerne, die als Global Player aufgestellt sind. Sie geben den Kostendruck an ihre Zulieferer weiter, diese wiederum drücken ihre eigenen Lieferan-

ten im Preis und so setzt sich dieses ‚Spiel' stetig fort. Alle Marktteil-
nehmer versuchen, den Konkurrenzdruck weiterzureichen: Großunter-
nehmen an Kleinbetriebe, schnellere an langsamere, finanzkräftige Firmen an finanzschwache usw. Zum Schluss trifft es diejenigen Unternehmen am härtesten, die am Ende der beschriebenen Kette stehen.
Zudem kaufen größere Konzerne kleinere auf oder treiben den Wettbewerb so lange auf die Spitze, bis ein Konkurrent pleitegeht. Dies alles
erinnert an Kriege – nur eben im wirtschaftlichen Bereich.

**Wir leben im Zeitalter des Verdrängungswettbewerbs und der
bedingungslosen Verteidigung von Besitzständen.**

Insbesondere viele Großkonzerne haben noch immer keine Rezepte für
die härteren, globalen Wettbewerbsbedingungen gefunden. Rationalisierungsmaßnahmen, Umstrukturierungen sowie permanente Unterneh-
menszukäufe oder Spartenverkäufe sind die Indizien fachlicher Defizite
oder der Hilflosigkeit von Führungseliten. In der Summe hat dies zu
einer kompromisslos leistungsorientierten Arbeitswelt geführt.

Erschwerend kommt hinzu, dass ein allgemeiner Werteverfall zu
beobachten ist. Auch ohne Not unterwerfen sich heute immer mehr
Manager der Mode, zweistellige Zuwachsraten zu verfolgen. Dadurch
können sie sich profilieren, ihre Karriere pushen und zugleich die Aktionäre zufriedenstellen. Aber auch dann, wenn keine Aktionäre vorhanden sind, treiben einige Geschäftsleitungen hemmungslos ihre Gewinn-
margen in die Höhe – egal auf welchem Rücken dies ausgetragen wird
bzw. wer die Leidtragenden sind.

Insgesamt haben Sie es also mit zwei Extremen in der Arbeitswelt
zu tun. Einerseits gibt es solche Arbeitgeber, die mit aller Konsequenz
den Schwerpunkt auf die hemmungslose Gewinnmaximierung legen,
andererseits befinden sich viele mitten im Überlebenskampf. Unabhängig davon, in welcher der beiden Situationen bestimmte Firmen stehen,
alle beide Gruppen von Unternehmen streben mit aller Macht nach
mehr Rendite.

Um Gewinne zu erhöhen, gibt es in allerletzter Konsequenz nur zwei grundsätzliche Strategien:

1. **Steigerung der Einnahmen.**

2. **Senkung der Ausgaben.**

Die meisten Unternehmen konzentrieren sich hauptsächlich auf den zweiten Punkt und nutzen in der Hauptsache ihre Instrumente zur Kostenreduzierung. Dies hat seinen ganz bestimmten Grund: Es ist nämlich der einfachste und schnellste Weg. Dafür benötigen sie kein unternehmerisches Können, wie es beispielsweise zur Erhöhung der Einnahmen durch Neukundengewinnung, intelligente Produktinnovationen, clevere Marketingstrategien oder Ähnliches erforderlich wäre.

> **Kosten einzusparen, dies schaffen auch Manager oder Inhaber, die über kein unternehmerisches Talent verfügen!**

Im Übrigen können sie betriebliche Ausgaben besonders eindrucksvoll senken, indem sie sich auf die Reduzierung von Personalkosten stürzen. Entweder sie minimieren die Gesamtzahl der Mitarbeiter oder die durchschnittliche Gehaltshöhe der Belegschaft (oder beides). Damit sind auch solche Führungsriegen bzw. Unternehmensinhaber, die ihren Aufgaben fachlich oder persönlich nicht gewachsen sind, in der Lage, Gewinne zu erhöhen oder zu stabilisieren. Die Spitze der Heuchelei wird erreicht, wenn das Ganze als unternehmerischer Erfolg gefeiert wird. So manche Wachstumsraten vieler Großkonzerne (trotz sogenannter Wirtschaftskrisen) basieren auf diesem simplen Prinzip: Personal wird bei gleichbleibendem Arbeitsaufkommen reduziert. Höhere Belastungen eines jeden Beschäftigten sind das Resultat am Ende der Hierarchiekette.

Das Thema dieses Ratgebers ist nicht, gesellschaftliche oder systemische Entwicklungen zu bewerten. Vielmehr beschäftigen wir uns damit, wie Sie für die aktuelle Arbeitswelt passgenaue Bewerbungsunterlagen erstellen können. Es hilft Ihnen wenig weiter, wenn Sie wissen, ob die Hintergründe für Rationalisierungsmaßnahmen in der maßlosen

Maximierung von Unternehmensgewinnen oder in der Unfähigkeit von Entscheidungsträgern liegen, clever und kompetent auf neue Marktbedingungen zu reagieren. Sie müssen sich nur eines merken:

Arbeitgeber handeln eher kosten- statt einnahmeorientiert!

Jetzt wird sich so mancher fragen, was dies alles mit Bewerbungsunterlagen zu tun hat. Sehr viel sogar! Der „moderne" betriebswirtschaftliche Zeitgeist, kosten- statt einnahmeorientiert zu denken, hat sogar erheblich etwas mit Ihren Unterlagen zu tun. Dies betrifft einerseits Sie selbst, als Bezieher von Gehalt und damit als Verursacher von Kosten, andererseits die bestehende Belegschaft, die bezahlt werden muss, um Ihre Bewerbungsunterlagen zu bearbeiten. Daraus resultiert Folgendes:

Ihre Unterlagen müssen heute sehr deutlich machen, dass der Wert Ihrer Arbeitskraft höher liegt, als die Kosten, die durch Ihr Gehalt verursacht werden.

Ihre Bewerbung muss auch dann überzeugen, wenn diese von einer durchrationalisierten Abteilung, das heißt durch zeitlich überlastete Beschäftigte bearbeitet wird.

Sie müssen sich dabei von anderen Bewerbern positiv abheben.

Damit bestehen die grundsätzlichen Anforderungen für hochwertige Bewerbungsunterlagen aus drei Hauptpunkten:

1. Werthaltigkeit
2. Bearbeitungsfähigkeit
3. Werbewirksamkeit

1.1 Werthaltigkeit

Der Leser Ihrer Bewerbungsunterlagen sucht danach, ob Sie für die ausgeschriebene Stelle ausreichend qualifiziert sind. Das heißt, wie werthaltig Ihre Fähigkeiten sind, um die Zahlung einer bestimmten Gehaltshöhe zu rechtfertigen. Grundsätzlich können Sie aus charakterlichen (Softskills) und aus fachlichen (Hardskills) Gründen wertvoll für ein Unternehmen sein. Jedoch sind Persönlichkeitsmerkmale durch schriftliche Unterlagen nur schwer vermittelbar. Daraus resultiert, dass zumindest in Bewerbungsunterlagen eher nach sachlichen Merkmalen Ausschau gehalten wird. Dabei geht es um zwei grundlegende Themen:

1. **Berufliche Abschlüsse.**

2. **Berufserfahrungen.**

Jedoch wird heute das Hauptaugenmerk auf den zweiten Punkt, Ihre Erfahrungen, gelegt. Mithilfe dieser praxisorientierten Fähigkeiten möchte eine Firma Unternehmensziele erreichen. Berufsabschlüsse oder Titel per se, ohne konkrete Berufserfahrungen, bieten Arbeitgebern kaum unmittelbaren Nutzen. Erst wenn Sie in Ihrem erlernten Beruf bzw. studierten Fachbereich tätig waren, haben Sie bewiesen, dass Sie das theoretisch Erlernte in die Praxis umsetzen können. Erst dann wird Ihre Arbeitskraft tatsächlich wertvoll. Um aber auch keine Missverständnisse aufkommen zu lassen: Ein anspruchsvolles Studium oder eine anerkannte Berufsausbildung sind auch heute noch eine unabdingbare Basis für Ihr berufliches Können, jedoch sind diese nicht mehr der eigentliche Anlass, um letztendlich eingestellt zu werden. Ihre Abschlüsse oder Titel werden als Selbstverständlichkeit vorausgesetzt.

Die Werthaltigkeit Ihrer Bewerbungsunterlagen wird heute in der Hauptsache durch Ihre Berufserfahrungen bestimmt.

Rufen Sie sich bitte immer wieder ins Gedächtnis, dass Sie in letzter Konsequenz ein Geschäft mit dem Betrachter Ihrer Unterlagen machen möchten – Können gegen Gehalt. Wenn für Sie dabei noch eine angenehme Arbeitsatmosphäre, Arbeitszufriedenheit oder sogar berufliche Erfüllung herausspringen, umso besser! Je mehr Informationen Sie über Ihre Berufserfahrungen bieten, desto wertvoller wird Ihre Arbeitskraft erachtet und umso eher will man Sie kennenlernen.

Es geht also um Ihre bisherigen Anstellungen (bzw. um die aktuelle). Was haben Sie bisher gemacht, welche praktischen Kenntnisse und Fähigkeiten haben Sie sich im Laufe der Zeit angeeignet? Noch in den 1990er Jahren zählte man beim tabellarischen Lebenslauf ausschließlich einzelne Oberbegriffe für die jeweiligen Positionen auf wie z.b. Industriekauffrau, Buchhalter, Service-Mitarbeiter, Schreiner, Sachbearbeiter, Team- oder Abteilungsleiter etc. Oft konnte man aus diesen Berufs- oder Positionsbezeichnungen eindeutig auf Ihre dabei erworbenen Berufserfahrungen rückschließen. Solche Angaben sind heute nicht mehr aussagekräftig.

Was unter dem Tätigkeitsbereich eines Controllers bei dem einen Arbeitgeber verstanden wird, kann sich erheblich davon unterscheiden, welche Aufgaben ein Controller bei einer anderen Firma innehat. Zudem sind heute viele fachübergreifende Überschneidungen möglich. Manche Mitarbeiter müssen auch Teilaufgaben aus anderen Sachgebieten oder Abteilungen übernehmen. Auch dies wird von Unternehmen zu Unternehmen unterschiedlich gehandhabt.

So kann heute eine Sekretärin auch mit Arbeitsaufgaben betraut sein, die teilweise die Bereiche Auftragsabwicklung, Logistik, Kundenberatung oder Rechnungswesen betreffen. Es können sogar kleinere Führungs- und Managementaufgaben inbegriffen sein. Ist dies der Fall, leuchtet Ihnen sicher ein, dass solche Mitarbeiterinnen ein wertvolleres „Berufliches Profil" aufweisen als Damen, die ausschließlich für die Korrespondenz, Büroorganisation und Terminkoordination zuständig sind.

Das Gleiche gilt für den technischen Bereich. Ein Servicetechniker kann heute durchaus auch mit Aufgaben des Verkaufs, Reklamationsmanagements und der Auftragsabwicklung betraut sein.

Aufgaben, Arbeitsabläufe, Zuständigkeiten und Verantwortlichkeiten vergleichbarer Positionen können sich heute von Arbeitgeber zu Arbeitgeber deutlich unterscheiden.

Darüber hinaus ist die Anzahl möglicher Berufsbilder gewaltig in die Höhe geschossen. Nur um ein Beispiel zu nennen: Während Sie früher die Varianten möglicher kaufmännischer Ausbildungsberufe an zwei Händen abzählen konnten, gibt es heute ein Vielfaches davon. Allein bei den betrieblichen Ausbildungsgängen gibt es heute folgende Abschlüsse (aus Vereinfachungsgründen wird die ‚weibliche Form' nicht angegeben):

Automobilkaufmann	Veranstaltungskaufmann
Bankkaufmann	Bürokaufmann
Kaufmann für Marketingkommunikation	Justiz- und Notarfachangestellter
Immobilienkaufmann	Industriekaufmann
Investmentfondskaufmann	Kaufmann für Bürokommunikation
Kaufmann für Dialogmarketing	Kaufmann im Gesundheitswesen
Kaufmann im Einzelhandel	Verkäufer
Kaufmann im Gesundheitswesen	Steuerfachangestellter
Kaufmann im Groß- und Außenhandel	Fachangestellter für Bürokommunikation
Kaufmann für Tourismus und Freizeit	Patentanwaltsfachangestellter
Buchhändler	Rechtsanwaltsfachangestellter
Musikalienhändler	Sozialversicherungsfachangestellter
Sport- und Fitnesskaufmann	Verwaltungsfachangestellter
Fachangest. für Arbeitsmarktdienstleist.	Kaufmann für Versicherungen/Finanzen
Pharmazeutisch-kaufmännischer Angest.	Fachang. f. Medien-/Informationsdienste
Kaufmann für audiovisuelle Medien	Medienkaufmann Digital und Print

Hinzu kommen die zahlreichen fachschulischen sowie akademischen Abschlüsse. Ganz zu schweigen von der gewaltigen Menge möglicher Fortbildungsangebote von freien Bildungsträgern! Wohlgemerkt, ich spreche hier nur von kaufmännischen Grundqualifikationen. Die Bildungsindustrie kreiert nahezu täglich neue Berufsbilder, um der wachsenden Differenzierung der heutigen Arbeitswelt Herr zu werden.

Eine weitere Auswirkung der steigenden Komplexität möglicher Aufgabenbereiche ist heute die Zahl existierender Studiengänge: Heute können Sie aus Tausenden von akademischen Abschlüssen wählen. Auch dies ist ein Ergebnis der neuen Arbeitsvielfalt.

Die alleinige Angabe von Berufs- oder Positionsbezeichnungen hat heute keine ausreichende Aussagekraft mehr.

Viele Arbeitgeber haben schon lange den Überblick verloren, welche Berufsbilder überhaupt existieren und welche Tätigkeitsfelder darunter zu verstehen sind. Nahezu jedes Unternehmen versteht unter einer bestimmten Position eine etwas andere Aufgabenbandbreite.

Manche Personalabteilung beginnen heute sogar, Eigennamen für bestimmte Stellen zu erfinden. Wenn Sie einige Inserate in den Online-Jobbörsen oder in den Zeitungen betrachten, wird Ihnen auffallen, dass Sie sich unter bestimmten Stellenbezeichnungen kein typisches Berufsbild mehr vorstellen können. Vor dieser Problematik stehen auch Firmen, wenn diese die in Ihrem Lebenslauf genannten Anstellungen bewerten möchten. Infolgedessen haben Sie heute Folgendes zu tun:

Bisherige/aktuelle Anstellungen müssen heute in Bewerbungsunterlagen näher beschrieben werden.

Der Empfänger möchte aber auch keinen Roman lesen oder sich umständlich in unübersichtliche Unterlagen einarbeiten. Dazu jetzt mehr.

1.2 Bearbeitungsfähigkeit

Für die Bearbeitung eingehender Bewerbungsunterlagen ist Personal erforderlich. Wie hinlänglich erläutert, kostet dies Zeit und Geld, welches viele Unternehmen nicht mehr ausgeben möchten.

Dieter L. Schmich

Die professionelle Bearbeitung von Bewerberdaten steht im Widerspruch zum Rationalisierungsgedanken.

Es liegt in der Natur der Sache, dass Personalabteilungen keinen direkten Beitrag zum Unternehmensgewinn beisteuern können, deshalb werden solche Stabsstellen von Geschäftsleitungen mit Argusaugen beobachtet. Viele Firmen lösen dieses sogenannte Kostenproblem, indem Sie Personalabteilungen mit zu wenigen Planstellen ausstatten oder mit fachfremden Zusatzaufgaben belasten. Dies führt natürlich zu einem erhöhten Arbeitsdruck bei Mitarbeitern. Ein anderes Rezept ist, Aufgaben der Personalabteilung entweder extern zu vergeben oder intern direkt an die Verantwortlichen der betroffenen Bereiche zu delegieren.

Dieses Rationalisierungsgebaren wird Ihnen bekannt sein: So hatte z.B. noch vor vielen Jahren jede Führungskraft seine eigene Assistentin bzw. Sekretärin. Heute hingegen haben viele Team- und Bereichsleiter oder sonstige Entscheidungsträger ihre Administration selbst zu erledigen oder sie müssen sich eine einzige Dame (bzw. Herrn) mit anderen teilen. Die Aufzählung zahlreicher weiterer Beispiele wäre möglich.

Zurück zur Personalbeschaffung: Wenn heute Personen, die eigentlich in der Hauptsache betriebswirtschaftliche Aufgaben und Führungsfunktionen innehaben, zusätzlich noch mit der Beschaffung von Personal sowie mit der dabei anfallenden Administration belastet werden, hat dies entscheidende Auswirkung für die Bearbeitungsgüte Ihrer Bewerbungen. Sie müssen davon ausgehen, dass solche Leute ganz einfach keine Zeit haben. Oftmals ist man gezwungen, alles in wenigen Augenblicken zu sichten, um eine Vorauswahl treffen zu können. Die Anzahl der intensiver zu bearbeitenden Bewerbungen wird so reduziert.

Ihre Unterlagen könnten von Führungskräften gesichtet werden, die nicht von Personalprofis unterstützt werden.

Es liegt in der Natur der Sache, dass solche Entscheidungsträger nicht die gleiche Routine und Professionalität an den Tag legen wie z.B. Personaler, die sich tagtäglich mit dem Thema Bewerbungen beschäftigen. Es ist aber auch ein anderes Extrem möglich. Selbst in Unternehmen, die noch über Personalabteilungen verfügen und mit einer komfortablen Anzahl von Mitarbeitern ausgestattet sind, ist es dennoch nicht unüblich, dass erste Vorsortierungen eingehender Unterlagen durch zuarbeitende Mitarbeiter erledigt werden. Qualifizierteres Personal wäre dafür zu teuer. Ich selbst habe schon erlebt, dass eine erste Vorauswahl durch Praktikanten, Sekretärinnen oder Auszubildende durchgeführt wurde, um diese dann im Anschluss an den Chef weiterzuleiten (oder aber auch nicht).

Rechnen Sie damit, dass auch fachfremde Mitarbeiter über die weitere Bearbeitung Ihrer Bewerbung entscheiden könnten.

Im Übrigen ist niemand mehr, ob Profi oder Laie, nach einigen Stunden monotoner Sichtungsarbeit von Mappen oder Online-Bewerbungen auf dem Höhepunkt seiner Konzentrationsfähigkeit. Sind aus Ihren Bewerbungsunterlagen nicht sofort zumindest die wichtigsten Punkte zu erkennen, besteht die Gefahr, dass man ungeduldig wird und das Ganze auf den Stapel „Standard-Absageschreiben" legt. Wenn der eine oder andere interessante Bewerber aus diesen Gründen durch das Raster fällt, muss dies für das Unternehmen nicht von Nachteil sein. Zumindest bei gängigen Berufsbildern stehen meist genügend andere Kandidaten zur Verfügung. Diese Vorgehensweise kann man durchaus als unprofessionell bezeichnen. Aber wie bereits erwähnt, in diesem Buch geht es um zeitgemäße Bewerbungsunterlagen und nicht um die Optimierung von Unternehmensabläufen.

Selbstverständlich gibt es noch genug Unternehmen, die hinsichtlich der Personalauswahl auf höchstem Niveau arbeiten. Ihre Anzahl reduziert sich jedoch von Jahr zu Jahr deutlich. Damit gilt zusammenfassend:

Überschätzen Sie nicht das fachliche und zeitliche Engagement, mit dem Ihre Bewerbungsunterlagen gesichtet werden.

Stellen Sie sich doch einmal den Fall vor, neben Ihren eigenen Unterlagen sind noch weitere zweihundert Bewerbungen eingegangen. Diese Situation ist für manche Stellenausschreibungen durchaus vorstellbar. Zudem setzen wir voraus, mit einem Personalverantwortlichen zu tun zu haben, der bereit ist, fünf Minuten an Sichtungszeit für jede einzelne Bewerbung zu investieren. Dies würde dann in der Summe 1.000 Minuten Gesamtdauer bedeuten, also zirka 16 Stunden reine Arbeitszeit. Rechnet man noch Pausen, Störungen und andere Arbeitsaufgaben hinzu, würde dies bedeuten, dass dieser Mann oder diese Frau mehr als eine halbe Arbeitswoche (eher eine ganze) allein mit der ersten Sichtung von Bewerbungsunterlagen beschäftigt wäre, und dies alles wegen einer einzigen zu besetzenden Arbeitsstelle. Denken Sie, dass in der bereits beschriebenen, durchrationalisierten Arbeitswelt dafür noch jemand Zeit hat? Diese Frage können Sie sich sicher selbst beantworten.

Zumindest Ihre wichtigsten beruflichen Vorzüge sollten schon nach zehn bis zwanzig Sekunden eindeutig erkennbar sein.

Im Übrigen ist dies gar nicht mal so kurz. Zählen Sie doch einmal langsam von 21 auf 41. Unter der Voraussetzung, die entsprechenden Unterlagen sind übersichtlich gestaltet und bieten zudem einen aussagekräftigen Inhalt, kann man recht schnell entscheiden, ob das was geboten wird, so interessant ist, dass ein Weiterlesen gerechtfertigt scheint.

1.3 Werbewirksamkeit

Bewerbungsunterlagen sind schriftliche Marketinginstrumente zur Eigendarstellung. Sie möchten sozusagen Werbung für sich machen. Wenn Sie beispielsweise einen neuen Pkw benötigen und deshalb ein Prospekt über ein bestimmtes Modell in Händen halten, wonach schauen Sie?

Interessiert Sie es, ob das Fahrzeug fahren kann oder vier Räder hat? Sind für Sie Informationen spannend, dass dieses Modell ein Lenkrad, einen Motor und einen Rückwärtsgang besitzt? Sicher nicht, wie ich meine – dies alles sind Selbstverständlichkeiten. Vielmehr werden Sie nach anderen Gesichtspunkten dieses Prospekt durchblättern. Vielleicht halten Sie Ausschau, welche Leistung der Motor hat, ob eine Musikanlage im Preis enthalten ist oder welche sonstigen Highlights in Sachen Ausstattung geboten werden. Möglicherweise interessieren Sie sich auch für Sonderfelgen oder wie hoch der Verbrauch des Wagens ist. Alles in allem werden Sie nach Besonderheiten suchen.

Damit jedoch noch nicht genug: Sie werden die im Prospekt enthaltenen Informationen unwillkürlich mit anderen Pkws vergleichen. Sie werden sich fragen, ob es vielleicht doch bessere Marken oder Modelle gibt, die Sie zum gleichen Kaufpreis erwerben könnten? Sie werden relativieren, ob genau bei diesem Fahrzeug eine Probefahrt sinnvoll ist? Steht der Kaufpreis in einem attraktiven Verhältnis zu dem, was angepriesen wird? Gibt es einen eindeutigen Vorteil, wenn Sie ausgerechnet dieses Auto kaufen? Solche Überlegungen werden auch auf Sie angewandt, nur eben im beruflichen Bereich:

Arbeitgeber zeigen in ihrer Auswahl von Bewerbern das gleiche Verhaltensmuster wie Sie, wenn Sie das beste Preis-Leistungs-Verhältnis für Ihre privaten Einkäufe suchen.

Dieses Prinzip der Angebotsprüfung ist Ihnen bestens bekannt. Sie setzen es im privaten Bereich tagtäglich um. Diese Gedankenspiele laufen bei Ihrem Gegenüber ebenfalls ab, wenn er Ihre Unterlagen betrachtet. Wenn Sie sich bewerben, erwartet man also etwas ganz Bestimmtes von Ihnen. Für einen Arbeitgeber stellt sich eine grundsätzliche Frage:

Mit welchen beruflichen Kenntnissen und Fähigkeiten unterscheiden Sie sich positiv von anderen Bewerbern?

Sie haben demnach nicht nur auf einen werthaltigen Inhalt bei Ihren Bewerbungsunterlagen zu achten, sondern auch darauf, sich dabei von anderen Kandidaten positiv abzuheben.

Neben der Anforderung, sich sachlich von anderen Bewerbern zu unterscheiden, können Sie sich mit Ihren Bewerbungsunterlagen auch optisch und strukturell unterscheiden. Leider gehen dahingehend die Ansichten auf der Arbeitgeberseite zum Teil weit auseinander. Das gilt auch für die Frage der Vollständigkeit Ihrer Angaben. Einige sind beispielsweise nur an Ihren letzten Anstellungen interessiert. Andere Personaler bestehen hingegen darauf, dass wirklich alle vorhandenen Lebenslaufstationen komplett aufgezählt werden. Zudem erwartet man dort, dass das Ganze vollständig und lückenlos mit Zeugnissen oder Zertifikaten belegt wird.

Auch bei den anderen Bestandteilen Ihrer Bewerbungsunterlagen werden unterschiedliche Schwerpunkte gelegt. Es gibt eine große Fraktion, die auf das Anschreiben überhaupt keinen Wert legt. Sie lesen dieses erst gar nicht oder überfliegen es nur. Andere sind wiederum der Ansicht, dass das Anschreiben ein elementarer und aussagekräftiger Bestandteil von Bewerbungsunterlagen ist.

Damit ist das Chaos unterschiedlicher Meinungen noch lange nicht an seinem Ende. Es gibt Personalbeauftragte, die eine hochwertige, repräsentative optische Gestaltung bevorzugen, andere tun dies als reine Show ab. Die einen möchten bei dem Thema „Persönliche Daten und Bewerbungsbild" vollständig in Kenntnis gesetzt werden, andere Verantwortliche vertreten die Auffassung, dies würde dem Gleichbehandlungsgesetz widersprechen. Und dann gibt es noch die Exoten, die seltsame, nicht gerade sachliche Standpunkte vertreten oder irgendeinen Spleen in Sachen Bewerbungsunterlagen haben. Beispielsweise finden es solche Leute besonders aussagekräftig, wenn die Unterschrift beim Lebenslauf vergessen, das Anschreiben nicht nach DIN formatiert, das Foto zu groß bzw. zu klein gewählt oder die E-Mail-Adresse bzw. Telefonnummer nicht angegeben wurde. Und so weiter, und so weiter.

Kurzum: Fragen Sie mehrere Personalverantwortliche, wie Bewerbungsunterlagen zu strukturieren und zu formatierten sind, werden Sie wahrscheinlich genauso viele unterschiedliche Meinungen hören. Selbst dann, wenn man sich in der Personalabteilung einer einzigen Firma erkundigt, ist es möglich, dass die dort anzutreffenden Mitarbeiter gegensätzliche Ansichten vertreten. Akzeptieren Sie also Folgendes:

Es existieren keine Standards für Bewerbungsunterlagen, die von allen Arbeitgebern als allgemeingültig anerkannt werden.

Ob Ihre Bewerbung als vollständig, repräsentativ und übersichtlich strukturiert erachtet wird, entscheidet die subjektive Meinung des Betrachters – und diese kennen Sie meist nicht.

Die Kunst, Bewerbungen zu gestalten, liegt darin, unterschiedliche Ansichten der Gegenseite zugleich abzudecken.

Ich weiß aus meiner Arbeit, dass dieser Punkt von Jobsuchenden als unangenehm empfunden wird. Selbstverständlich wäre es für Sie schön, wenn Ihnen jemand sagen könnte: „So wird es gemacht". Man könnte sich an klaren Vorgaben orientieren. Dies ist jedoch nicht möglich.

Aber keine Sorge, ich biete umfangreiche Erfahrungswerte. Ich werde Ihnen Wege aufzeigen, wie Sie diese schwierige Herausforderung, auch unterschiedliche Vorstellungen abzudecken, meistern können. Dennoch ist Ihr Selbstbewusstsein gefragt. Falls Sie hören, dass alle Personaler einiges so und so sehen würden, lassen Sie sich nicht beirren. Diese viel zitierten ‚Norm-Personaler', die angeblich identische Ansichten vertreten, gibt es nicht.

Wie Sie inzwischen wissen, können Sie auf Profis, aber auch auf gestresste Entscheidungsträger oder unerfahrene Personalbeauftragte treffen. Falls Sie es mit der letztgenannten Gruppe zu tun bekommen, kann dies zumindest in einem Punkt vorteilhaft für Sie sein: Unerfahrene (oder überforderte) Mitarbeiter und Führungskräfte lassen sich durchaus mit einer eleganten Gestaltung beeindrucken. Der Umkehrschluss gilt aber auch:

Je erfahrener der Betrachter Ihrer Unterlagen ist, umso weniger spielt die optische Gestaltung eine elementare Rolle.

1.4 Fazit

Bevor ich ein Fazit ziehe, wenden wir uns zunächst wieder unseren beiden Eingangsbeispielen zu. Starten wir mit dem tabellarischen Lebenslauf:

Lebenslauf

Name:	Sabine Mustermann
Adresse:	Weg 1, 10000 Musterau
	Telefon: 030/12345
	Mobil: 0123/1234567
	E-Mail: muster@mail.de
Geburtsdaten:	TT. Monat JJJJ in Musterheim
Familienstand:	ledig

Beruflicher Werdegang

Seit 01.06.10	**Assistentin der Geschäftsleitung bei Muster AG, Musterstadt**
03/98 - 12/09	**Vertriebsassistentin bei Musterpharma GmbH, Musterberg**
08/95 - 02/98	**Bürokauffrau bei Musterfima, Musterheim**

Schule und Berufsausbildung

1993 - 1995	**Berufsausbildung zur Bürokauffrau bei Musterunternehmen, Musterheim**
1987 - 1993	**Musterholtz-Realschule mit Abschluss, Musterheim**

Sonstige Fähigkeiten und Kompetenzen

- Gute PC-Kenntnisse
- Verhandlungssicheres Englisch in Wort und Schrift
- Französisch, Grundkenntnisse
- Führerschein Klasse B

TT.MM.JJJJ   *Sabine Mustermann*

Erinnern Sie sich an das bisher Gesagte über Werthaltigkeit, Bearbeitungsfähigkeit und Werbewirksamkeit. Was wissen Sie jetzt tatsächlich über die Bewerberin? Was zeichnet sie im Vergleich zu anderen, die sich um die gleiche Stelle bewerben, besonders aus? Welche Berufserfahrungen machen diese Kandidatin wertvoll für ein Unternehmen? Sind alle beruflichen Vorzüge von Frau Mustermann in Sekunden zu erkennen?

Sie werden zugeben müssen, dass zur Beantwortung dieser drei Fragen keinerlei Angaben gemacht werden. Die Kandidatin lässt den Betrachter ihres Lebenslaufs förmlich im Stich. Sie bedenkt in keiner Weise, dass das Gegenüber Entscheidungen zu treffen hat. Es ist nicht möglich, mit allen Bewerbern ein Einstellungsgespräch zu führen. Möglicherweise sind sogar nur sehr wenige Termine machbar. Vielleicht liegt vor ihm noch ein riesiger Berg von zahlreichen anderen eingegangenen Bewerbungen. Wo wird in diesem Lebenslauf ein Anlass geboten, gerade Frau Mustermann ein Vorstellungsgespräch anzubieten?

Selbstverständlich könnten Sie fordern, das dazugehörige Anschreiben hinzuziehen. Wir können ja gerne einmal annehmen, dass wir es mit jemandem zu tun haben, der sich tatsächlich die Mühe macht, das beiliegende Anschreiben zu Hilfe zu nehmen. Glauben Sie, dass es im Rahmen eines Textes, der inklusive Briefkopf, Betreffzeile und Schlussformalia eine A4-Seite nicht übersteigen sollte, möglich ist, alle relevanten Verantwortlichkeiten, Tätigkeiten, Aufgaben und Erfolge vollständig darzustellen? Sicher wird dies in vielen Fällen sehr schwierig sein.

Viele Leser könnten jetzt noch einwenden, dass ja noch die beigefügten Arbeitszeugnisse zur Verfügung ständen. Dort könne man schließlich einen Blick darauf werfen, um alle fehlenden Informationen zu erhalten.

Dahingehend kann ich nur auf meine bisherigen Ausführungen über das Thema Bearbeitungsfähigkeit verweisen: Stellen Sie sich doch einmal vor, ein Entscheidungsträger hätte bei einer großen Menge eingegangener Bewerbungen überall erst einmal zeitraubend alle beigefügten Belege durchzuarbeiten, bevor er sich ein vollständiges Bild machen kann. Sind

Dieter L. Schmich

Sie sich sicher, ob alle Arbeitgeber bei denen Sie sich bewerben über eine derart komfortable Personaldecke verfügen? Wenn nicht, sollten Sie sich schon die Mühe machen, Ihre beruflichen Vorteile für Arbeitgeber schneller und vor allem einfacher auffindbar zu machen.

Gehen wir nun über zu dem zweiten Bewerbungsfall – das gezeigte Bewerbungsanschreiben. Wie ich hinlänglich erläutert habe, müssen zeitgemäße Bewerbungsunterlagen unterschiedliche Vorstellungen und Arbeitsweisen der Arbeitgeberseite zugleich abdecken. Deshalb setze ich diesmal voraus, dass auf der Arbeitgeberseite jemand sitzt, dem genug Zeit zur Verfügung steht (solche Arbeitsplätze gibt es selbstverständlich auch noch). Zudem nehme ich an, dass das Anschreiben diesmal als wichtig erachtet und komplett durchgelesen wird.

Ich gebe Ihnen nun Abschnitt für Abschnitt einige Gedanken eines Personalers oder Personalerin wieder, die durchaus der Realität entsprechen könnten.

Sehr geehrte Frau Musterfrau,

gemäß Ihrer Stellenanzeige in der Muster-Tageszeitung vom TT.MM.JJJJ suchen Sie einen medizinisch-technischen Laborassistenten in Teilzeit. Hierfür bewerbe ich mich.

Personaler/in: „Das ist mir bekannt, dass wir einen Laborassistenten suchen – super interessante Info!"

Aufgrund meiner schulischen Bildung und meines beruflichen Werdegangs bin ich davon überzeugt, für diese Tätigkeit geeignet zu sein. Ausreichende Berufserfahrung und Praxis kann ich vorweisen.

„Schön, dass er überzeugt ist. Ich würde jedoch auch gerne überzeugt werden wollen. Welche Berufserfahrungen hat er denn jetzt?"

Zu meinen Stärken gehören Pünktlichkeit, Zuverlässigkeit und Teamfähigkeit.

„Pünktlichkeit, Zuverlässigkeit und Teamgeist? Toll, das habe ich heute schon zigmal gelesen! Gähn..."

Als Grund für meine Bewerbung möchte ich angeben, dass ich einen neuen Wirkungskreis und neue Herausforderungen suche.

*„Fein, dass er einen Wirkungskreis und neue Herausforderung sucht.
Das hätte ich jetzt wirklich nicht erwartet…"*

Insbesondere eine anspruchsvolle Tätigkeit in einem kooperationsbereiten Team würde
meinem Naturell sehr entsprechen.

*„Gut, er wünscht sich auch noch ein nettes Team. Kann ich bieten!
Interessiert sich Herr Muster eigentlich auch dafür, was wir uns wünschen? Der Text nervt. Also gut, die zwei Absätze lese ich noch…"*

Die molekularbiologische Abteilung meines jetzigen Arbeitgebers wurde hier am Standort
aufgelöst und nach Hamburg verlagert. Mein Arbeitsverhältnis endet daher aus betrieblichen Gründen zum TT.MM.JJJJ. Ich könnte deshalb die Arbeit zum nächstmöglichen
Zeitpunkt bei Ihnen aufnehmen.

*„Ach, wussten wir ja noch gar nicht. Das ist ja schön, so schnell er-
hält man Interna über die Konkurrenz. Aber warum rechtfertigt er
sich schon im Anschreiben für seine Kündigung? Mmhhhh….."*

Da ich in vielen Tätigkeitsfeldern eingesetzt war, möchte ich Sie bitten, die genaueren
Details aus den beigefügten Zeugnissen zu entnehmen. Über eine Einladung zu einem
Vorstellungsgespräch würde ich mich freuen.

*„Ok, er hat keine Lust sich Gedanken zu machen, warum er der
richtige Kandidat ist. Dann habe ich auch keine Lust! Ich lese jetzt
nicht alle Zeugnisse durch – habe in einer Stunde die Besprechung
mit dem Chef."*

Sicher sprechen die Kommentare für sich. Auch wenn die Wahrscheinlich gering ist, dass Ihr Anschreiben derart unter die Lupe genommen
wird, so müssen Sie dennoch damit rechnen. Sie können nie sicher sein,
mit welcher Philosophie über Bewerbungen Sie es zu tun bekommen.

Kommen wir zum eigentlichen Fazit dieses ersten Kapitels: Zeitgemäße und vor allem hochwertige Bewerbungsunterlagen haben heute Folgendes unbedingt zu gewährleisten:

1. **Relevante Berufserfahrungen müssen näher beschrieben sein.**

2. **Bewerbungen müssen schon nach wenigen Sekunden den Betrachter überzeugen.**

3. **Unterschiedliche Auffassungen der Arbeitgeberseite müssen gleichermaßen abgedeckt werden.**

Vielleicht werden Sie denken, dass einige Kriterien doch recht anspruchsvoll sind und sich zudem zu widersprechen scheinen. Es ist jedoch durchaus machbar!

Im Übrigen haben wir uns im ersten Kapitel mit solchen Anforderungen beschäftigt, die als grundsätzlich aufgefasst werden müssen. Diese werden für alle Inhalte dieses Buchs als übergeordneter Maßstab gelten. Darüber hinaus sind natürlich noch viele weitere Mosaiksteinchen zu beachten, damit im Ergebnis hochwertige Bewerbungsmappen und Onlinebewerbungen entstehen können.

Das alles werden wir jetzt Schritt für Schritt erarbeiten. Bevor wir jedoch starten können, ist noch eine grundsätzliche Aufgabe Ihrerseits zu erfüllen.

2 Profiling

Ein Profiling ist die Analyse aller beruflichen Kenntnisse und Fähigkeiten, die man Arbeitgebern in Form seiner Arbeitskraft zur Verfügung stellen kann. In diesem Kapitel gebe ich Ihnen die Instrumente an die Hand, damit Sie sich selbst analysieren können. Bevor Sie in der Lage sind, Bewerbungsunterlagen zu erstellen, müssen Sie sich also zu allererst Gedanken machen, was Sie beruflich zu bieten haben.

Bewerbungsunterlagen sind die vollständige, aussagekräftige und repräsentative Dokumentation Ihres „Beruflichen Profils".

Das bedeutet, nur wer sein Profil kennt, kann hochwertige Bewerbungen anfertigen. Haben Sie erst einmal Ihr Profil analysiert, werden Sie die erste, bereits beschriebene, grundsätzliche Anforderung der Werthaltigkeit problemlos erfüllen. Sie werden infolgedessen dem Betrachter Ihrer Unterlagen vermitteln können, dass der Nutzen aufgrund Ihres Könnens schwerer wiegt, als der Nachteil, Ihnen ein vernünftiges Gehalt zahlen zu müssen.

Es besteht jedoch die Gefahr, dass Sie fälschlicherweise auf die Idee kommen könnten, zu wenig zu bieten. Sehr viele Bewerberinnen und Bewerber unterschätzen sich dahingehend erheblich. Erfahrungsgemäß gibt es allerdings dafür keinen Anlass. Vielmehr verfügt die Masse aller Arbeitnehmer durchaus über werthaltige Profile, ohne sich jedoch dessen bewusst zu sein.

Sie bieten im Übrigen für Arbeitgeber zwei Grundarten von beruflichen Vorteilen. Einmal im fachlichen und sachlichen Bereich, aber auch

Dieter L. Schmich

in Ihrer Persönlichkeit stecken Fähigkeiten, die von großem Nutzen sein können. Demnach besteht Ihr „Berufliches Profil" grundsätzlich aus zwei Hauptbestandteilen:

1. Fachliches Profil (Hardskills)

2. Persönlichkeitsprofil (Softskills)

Die Profilanalyse ist somit der anspruchsvollste Teil dieses Buchs. Es erfordert Zeit und Konzentration. Jedoch lohnt sich dieser Aufwand. Dies garantiert im Ergebnis, Spitzenunterlagen zu erhalten.

2.1 Hardskills

Wir starten mit Ihrem „Fachlichen Profil" (Hardskills). Es untergliedert sich weiter in zwei Unterbestandteile. Es besteht einerseits aus Ihren beruflichen Abschlüssen, andererseits aus Ihren praxisorientierten Qualifikationen:

1. Berufsausbildungen, Hochschulabschlüsse, Fort- und Weiterbildungen, etc.

2. Berufserfahrungen.

Diese beiden Punkte kennen Sie bereits. Davon sprach ich, als ich die erste grundsätzliche Anforderung der Werthaltigkeit behandelt habe.

In der Hauptsache bestimmt Ihr „Fachliches Profil" den Grad der Werthaltigkeit Ihrer Arbeitskraft.

Die Hardskills müssen infolgedessen den inhaltlichen Schwerpunkt Ihrer Unterlagen bilden.

Warum sich viele Beschäftigte unterschätzen, wenn es um ihr fachliches Können geht, ist einfach zu erklären: Im Laufe eines Berufslebens entwickeln sich viele anfängliche Herausforderungen irgendwann einmal zur Routine. Dann meistert man seine Arbeitsaufgaben sozusagen aus dem Handgelenk. Schnell entsteht der subjektive Eindruck, dass das, was man tut, nichts Besonderes sei. Das ist aber ein schwerwiegender Irrtum!

Werden Sie sich Ihrer selbst bewusst – und zwar objektiv!

Welche Kenntnisse und Fähigkeiten haben Sie sich also im Laufe der Zeit angeeignet? Ihr Gegenüber ist dabei auf vollständige Informationen Ihrerseits angewiesen. Das heißt, wenn Sie Ihr berufliches Können erarbeiten bzw. dokumentieren, verzichten Sie bitte auf falsche Bescheidenheit, oftmals verstanden als eine Form guter Manieren. Das wäre völlig kontraproduktiv. Erinnern Sie sich bitte: Sie stehen im Wettbewerb mit anderen Bewerbern. Zudem haben Personaler oder Entscheidungsträger heute nicht mehr die Zeit, sich bereits im Vorfeld über Ihre Bewerbungsunterlagen den Kopf zu zerbrechen, um dann doch irgendwann einmal zu erahnen, dass mehr in Ihnen stecken könnte, als Sie angegeben haben. Sie kaufen privat ja auch keine Dienstleistung ein, über die Sie nichts oder zu wenig erfahren. Bekommen Sie nicht genug Informationen, lassen Sie sicher die Finger weg, nicht wahr?

Beginnen wir jetzt mit dem praktischen Teil dieses Bewerbungsratgebers: Es ist am effektivsten, wenn Sie Schritt für Schritt vorgehen. Zunächst benötigen Sie ein paar Inspirationen. Erfahrungsgemäß vergisst man oft, mit welchen unterschiedlichen beruflichen Themengebieten man im Laufe der Jahre konfrontiert war. Deshalb sehen Sie im Anschluss eine Tabelle, die Ihnen als erste Gedankenstütze dienen soll. Kreuzen Sie erst einmal ganz spontan Ihre Tätigkeiten, Verantwortlichkeiten oder Aufgaben an, mit denen Sie aktuell oder in der Vergangenheit zu tun hatten. In diesem ersten Schritt kommt es nicht auf Relevanz an. Diese Aufstellung dient eher dazu, Sie zu stimulieren. Sie sollen sich zunächst vage an Ihren beruflichen Wert herantasten. Wahrscheinlich hatten Sie bisher mit mehr Themen Kontakt, als Sie vielleicht derzeit vermuten.

Dieter L. Schmich

Inspirationsliste		Inspirationsliste	
Büroorganisation, Sekretariat?	☐	Sachbearbeitung?	☐
Ausstellen von Arbeits- und Verdienstbescheinigungen?	☐	Terminvereinbarungen oder Terminkoordination?	☐
Erstellung von offizieller oder mehrsprachiger Korrespondenz?	☐	Bearbeitung oder Management von Reklamationen?	☐
Datenpflege?	☐	Berichts- oder Belegwesen?	☐
Besondere Verkaufserfolge?	☐	Marketing und Promotion?	☐
Kundenberatung und Verkauf? Kundenakquisition?	☐	Vertrags-, Einkaufs- oder Preisverhandlungen?	☐
Besondere Verkaufsaktionen z.B. Mailings oder Telefonate?	☐	Marktbeobachtung, Recherche oder Marktforschung?	☐
Auftragsabwicklung oder Vertriebsinnendienst?	☐	Kundenbetreuung/-empfang oder sonstige Erfahrungen mit Kunden?	☐
Sonstige Verkaufsunterstützungen?	☐	Controlling?	☐
Buchhaltung, Rechnungswesen oder Kassenbuch?	☐	Kalkulation, Kostenrechnung oder Angebotserstellung?	☐
Angebotsprüfung?	☐	Lieferantengespräche?	☐
Bankvollmacht, Prokura oder sonstige Vollmachten?	☐	Analysen, Statistiken oder Aufbereitung von Zahlen und Kennwerten?	☐
Liquiditätskontrolle oder Budget-Verantwortung?	☐	Personalauswahl, Einstellungsgespräche oder Rekrutierung?	☐
Bereichs-, Filial-, Team-, Gruppen- oder Abteilungsleitung?	☐	Operative oder strategische Managementaufgaben?	☐
Sonstige Verantwortlichkeiten und Stellvertretungen?	☐	Zielvereinbarungen, Mitarbeitergespräch, Leitung von Teamsitzungen?	☐
Personaleinsatzplanung?	☐	Qualitätsmanagement/ISO 9000ff?	☐
Eigene Projekte? Leitung oder Mitverantwortlichkeit?	☐	Durchführung von Schulungen oder sonstigen Fortbildungen?	☐
Handwerkliche Fähigkeiten?	☐	Software-/Hardwarekenntnisse?	☐

Entwicklungen und Konstruktionen? ☐

Internet oder Telekommunikation? ☐

Besondere Materialkenntnisse? ☐

Spezielle Verfahrenskenntnisse? ☐

Inbetriebnahme? ☐

Besondere technische Kenntnisse? ☐

Ein- und Auslagerungen? ☐

Lageraufbau oder -organisation? ☐

Lieferscheinerstellung und Kontrolle? ☐

Überwachung von Lieferterminen? ☐

Logistikkenntnisse, Warenversand? ☐

Warenkontrolle, Qualitätsprüfung? ☐

Versandbedingungen oder Zollabwicklungen? ☐

Warenplatzierung, Schaufenster oder sonstige Warenpräsentation? ☐

Planung und Steuerung von Material, Produktion und Abläufen? ☐

Beauftragungen, z.B. Feuerschutz, Sicherheit etc.? ☐

Reden, Vorträge oder Präsentationen? ☐

Entwurf von Prospekten oder Broschüren? ☐

Redaktionelle Arbeiten? ☐

Öffentlichkeitsarbeit, PR? ☐

Texten, Lektorieren, Redigieren oder Korrekturlesen? ☐

Grafische oder sonstige kreative Arbeiten? ☐

Konzeption und Organisation von Events? ☐

Sonstige Erfahrungen mit Veranstaltungen? ☐

Sprachkenntnisse, Sprachreisen oder längere Auslandsaufenthalte? ☐

Praktische Anwendung von Fremdsprachen? ☐

Führerscheine und Zertifikate? ☐

Sonstige Zulassungen? ☐

Auszeichnungen oder sonstige besondere Erfolge? ☐

Berufsrelevante ehrenamtliche Tätigkeiten? ☐

Verbesserungsvorschläge eingereicht und angenommen? ☐

Sonstige maßgebliche Probleme gelöst? ☐

Pädagogische und therapeutische Erfahrungen? ☐

Erzieherische oder sonstige Kinderbetreuung? ☐

Pflegerische Aufgaben? ☐

Sonstige soziale Tätigkeiten? ☐

Medizinische Kenntnisse? ☐

Juristische Aufgabenfelder? ☐

Sonstiges: .... ☐

Sonstiges: .... ☐

Die Liste erhebt natürlich keinen Anspruch auf Vollständigkeit. Dies würde nicht nur den Rahmen dieses Buchs sprengen, sondern ist auch nicht möglich. Die Vielfalt denkbarer Einsatzbereiche sowie Überschneidungen zu anderen Fachgebieten ist zu gewaltig. Dennoch ist es für Sie sicher erstaunlich, mit wie viel unterschiedlichen Themen Sie schon einmal Kontakt hatten. Sicher haben Sie mehrere Kreuze machen können.

Jetzt folgt der zweite Schritt: Sie haben Ihre Einfälle auszuformulieren und zu strukturieren. Die angekreuzten Punkte müssen nun Ihren verschiedenen Lebenslaufstationen zeitlich zugeordnet werden. Als erstes betrachten Sie Ihre aktuelle bzw. letzte berufliche Situation. Von hier aus gehen Sie dann in Ihrem Leben Jahr für Jahr (bzw. Station für Station) zurück, bis Sie an Ihre Schulzeit angelangt sind. Stellen Sie sich währenddessen nur eine einzige Frage:

Wo und wann habe ich was gemacht?

Auf den nächsten Seiten folgen nun weitere Tabellen. Sie sind im Prinzip genauso gegliedert, wie Ihr eigentlicher Lebenslauf. Als erstes können Sie in den Feldern „Aktuelle/letzte Anstellung" bzw. „Anstellungen zuvor" Ihre Notizen zu Ihren Berufserfahrungen machen. Danach können Sie Ihre „Berufs- und Schulabschlüsse" konkretisieren, bis Sie schließlich zu den „Sonstigen Kenntnissen und Fähigkeiten" gelangen.

Im Übrigen ist es ausreichend, nur solche Qualifikationen umfangreich zu beschreiben, die nicht älter als zehn bis fünfzehn Jahre sind (je nachdem, wie relevant diese Kenntnisse für den aktuellen Berufswunsch sind). Bei Berufserfahrungen, die weiter zurückreichen, genügen einige wenige Stichworte je Station aus. Das Gleiche gilt für Ihre Schulzeit oder Berufsausbildung. Wenn diese viele, viele Jahre zurückliegen, müssen Sie dazu natürlich nur die wichtigsten Eckdaten notieren.

Es geht los – nehmen Sie sich ausreichend Zeit, sorgen Sie für Ruhe und stellen Sie sicher, dass Sie sich ungestört konzentrieren können. Denken Sie sich jetzt in Ihre berufliche Laufbahn hinein und prüfen Sie, wo und wann Sie was gemacht haben. Am besten blättern Sie währenddessen immer mal wieder zurück zu der ausgefüllten Inspirationsliste. Warum beim gezeigten Beispiel einige Notizen durchgestrichen sind, erfahren Sie an anderer Stelle.

1. Beruflicher Werdegang

Stoffsammlung/Tätigkeitsbeschreibung

05/2010 - heute

Office Managerin

Hutzelbutzel AG

Musterhausen

Korrespondenz in Deutsch, Englisch und Russisch, ~~Terminkoordination~~, ~~Kundenempfang und Kundenbetreuung~~, ~~Terminierung und Koordination~~, Führung des Kassenbuchs und Liquiditätskontrolle, Vollmacht für das Bankkonto, ~~Konzeption und Durchführung von Firmen- und Kundenevents~~, komplette Bandbreite üblicher Büroarbeiten, SAP R/3, MS Office, Vorbereitung aller Belege für den Steuerberater, Rechnungserstellung/-prüfung, Mahnwesen

Von - bis:

Position:

Arbeitgeber:

Arbeitsort:

Dieter L. Schmich

1. Beruflicher Werdegang

	Stoffsammlung/Tätigkeitsbeschreibung
Von - bis:	....
....	....
	....
	....
Position:	....
....	....
....	....
	....
Arbeitgeber:	....
....	....
	....
Arbeitsort:	....
....	....
	....
	....
	....
	....
	....
	....
	....
	....
	....
Von - bis:	....
....	....
Position:	....
....	....
Arbeitgeber:	....
....	....
Arbeitsort:	....
....	....

Vorletzte Anstellung

Anstellung zuvor

1. Beruflicher Werdegang

Stoffsammlung/Tätigkeitsbeschreibung

Anstellung zuvor

Von - bis:

Position:

Arbeitgeber/Ort:

Anstellung zuvor

Von - bis:

Position:

Arbeitgeber/Ort:

Anstellung zuvor

Von - bis:

Position:

Arbeitgeber/Ort:

2a. Studium (falls absolviert)

Stoffsammlung/Besonderheiten

Studium

Von - bis:

Titel:

Hochschule/Ort:

Fachrichtung?

Auslandssemester?

Praxissemester?

Eigene Projekte?

Auszeichnungen?

Eins-Komma-Noten?

Master-/Bachelorarbeit:

Dieter L. Schmich

2b. Berufsausbildung (falls absolviert)

Stoffsammlung/Besonderheiten

1. Berufsausbildung

Von - bis:
....

Abschluss:
....

Arbeitgeber oder
Bildungsträger/Ort:

....

Zusatzabschluss? ....
Vertiefungen/Schwerpunkte? ....
Einsätze im Arbeitsalltag? ....
Erste Verantwortlichkeiten? ....
Auszeichnungen? ....
Eins-Komma-Noten? ....
Sonstiges: ....

2. Berufsausbildung

Von - bis:
....

Abschluss:
....

Arbeitgeber oder
Bildungsträger/Ort:

....

Zusatzabschluss? ....
Vertiefungen/Schwerpunkte? ....
Einsätze im Arbeitsalltag? ....
Erste Verantwortlichkeiten? ....
Auszeichnungen? ....
Eins-Komma-Noten? ....
Sonstiges: ....

2c. Fort- und Weiterbildung (falls absolviert)

Stoffsammlung/Besonderheiten

3. Weiterbildung

Von - bis:
....

Bezeichnung/Abschluss: ....
Bildungsträger/Ort? ....
Sonstiges: ....

2. Weiterbildung

Von - bis:
....

Bezeichnung/Abschluss: ....
Bildungsträger/Ort? ....
Sonstiges: ....

1. Weiterbildung

Von - bis:
....

Bezeichnung/Abschluss: ....
Bildungsträger/Ort? ....
Sonstiges: ....

3. Schulbildung

Stoffsammlung/Besonderheiten

2. Schule

Von - bis:	Zusatzabschluss? ....
....	Fachliche Vertiefungsrichtung? ....
Abschluss:	Eins-Komma-Noten? ....
....	Schulische Projekte? ....
Schule/Ort:	Verantwortlichkeiten/Engagements? ....
....	Sonstiges: ....

1. Schule

Von - bis:	Zusatzabschluss? ....
....	Fachliche Vertiefungsrichtung? ....
Abschluss:	Eins-Komma-Noten? ....
....	Schulische Projekte? ....
Schule/Ort:	Verantwortlichkeiten/Engagements? ....
....	Sonstiges: ....

4. Sonstige Kenntnisse und Fähigkeiten

Stoffsammlung/Besonderheiten

Ehrenamtliche und
gemeinnützige
Tätigkeiten?
....
....
....

Aktivitäten in
Vereinen, Interes-
sensverbänden o.
....
....
....

Berufsrelevante
Hobbys?
....
....
....

Besuch von sonsti-
gen Seminaren
und Kursen?
....
....
....

Dieter L. Schmich

4. Sonstige Kenntnisse und Fähigkeiten

Stoffsammlung/Besonderheiten

Berufsrelevante
Praktika, Ferien-
oder Nebenjobs?

Führerscheine und
weitere Zulassun-
gen?

Sprachkenntnisse
und Sprachreisen?

PC und Internet?
Soft- und Hard-
ware-Kenntnisse?

Sonderfunktionen,
wie z.B. Sicher-
heitsbeauftragte/r

Sonstiges

Besprechen Sie Ihre Notizen auch mit Menschen Ihres Vertrauens. Im besten Fall mit Fachleuten oder mit solchen Personen, die mit dem von Ihnen gewünschten Einsatzgebiet vertraut sind.

Sind Sie schließlich mit allem fertig, liegt Ihnen nicht nur jede einzelne Lebenslaufstation, sondern auch alle sonstigen Kenntnisse vor. Sie halten damit Ihre Stoffsammlung für Ihr fachliches Profil in Händen.

Als nächstes haben Sie die Relevanz Ihrer Notizen zu prüfen (Werbewirksamkeit). Dabei geht es nicht um die einzelnen Stationen per se (diese sind immer wichtig), sondern um die dazu notierten Punkte.

Welche Ihrer Notizen sind für die angestrebte Position wichtig?

Erinnern Sie sich meiner Worte: Unternehmen sind in letzter Konsequenz auf Gewinnerzielung ausgerichtet. Diese haben ihre Einnahmen zu erhöhen und Kosten zu senken. Man möchte mit Ihrer Hilfe Team-, Abteilungs-, Bereichs- oder Unternehmensziele erreichen.

Betrachten Sie Ihre Stoffsammlung und stellen Sie sich folgende drei Fragen:

Welche meiner Kenntnisse und Fähigkeiten sind für die angestrebte Position einsetzbar?

Welche meiner Notizen verbessern zumindest indirekt die Situation des Unternehmens oder meines zukünftigen Chefs?

Was hebt mich von anderen Bewerbern positiv ab?

Nehmen Sie sich jetzt einen Rotstift zur Hand. Gehen Sie Punkt für Punkt Ihrer Notizen noch einmal durch und spielen Sie ein bisschen Detektiv: Welche Schnittmenge gibt es zwischen dem, was Sie bieten, und dem, was ein Arbeitgeber wohl wünschen könnte?

Streichen Sie alle Notizen aus der Stoffsammlung, die für Ihre angestrebte Tätigkeit nicht relevant sind.

Haben Sie alles Unnötige gestrichen, entsteht eine Essenz Ihrer maßgeblichen fachlichen Stärken.

Jetzt verstehen Sie auch, warum in dem gezeigten Beispiel am Anfang der Profilanalyse einige Notizen gestrichen wurden. Diese „Office Managerin" (Sekretärin) suchte eine Stelle im Rechnungswesen. Infolgedessen strich sie alle Berufserfahrungen, die mit dem angestrebten Posten nichts zu tun haben, aus Ihren Berufserfahrungen heraus.

Es ist im Übrigen völlig normal, dass Sie in Ihrer Stoffsammlung nicht zu jedem Punkt eindeutige Aussagen zur Relevanz treffen können, schließlich sind Sie kein Arbeitgeber oder Unternehmensberater. Dennoch liegt allein in der Beschäftigung mit diesen Relevanzthemen eine außergewöhnliche Chance. Schon die Tatsache, zumindest zu versuchen, sich in die Lage von Arbeitgebern oder Vorgesetzten hineinzuversetzen, wird Sie maßgeblich von anderen Jobsuchenden unterscheiden. Zumindest im Vergleich zur üblichen Bewerbermasse werden Sie dadurch in Ihren Unterlagen ein völlig ausreichendes Maß an Werthaltigkeit und Werbewirksamkeit erzielen. Dies wird Arbeitgeber maßgeblich beeindrucken!

Nun geht es zum zweiten Teil Ihres „Beruflichen Profils" – Sie haben noch mehr zu bieten!

2.2 Softskills

Wir widmen uns nun Ihrem „Persönlichkeitsprofil". Sie verfügen sicher über viele charakterliche Eigenschaften, die für Unternehmen interessant sind.

Persönliche Stärken sind natürlich in schriftlichen Unterlagen nur schwer darstellbar. Diese spielen eher in Vorstellungsgesprächen bzw. im aktiven Berufsleben, als in Bewerbungsunterlagen eine maßgebliche Rolle. Dennoch wird die Beschreibung Ihrer Softskills erwartet. Spätestens im Bewerbungsanschreiben müssen Sie darüber schreiben. Es ist also zumindest eine Kurzanalyse Ihrer Charaktereigenschaften notwendig

Im Folgenden können Sie mögliche Eigenschaften einschätzen. Nehmen Sie sich genügend Zeit, gehen Sie Punkt für Punkt durch und machen Ihre Kreuze:

Charakterliche Stärken	Sehr gut	Gut	Durchschnitt-lich	Unterdurch-schnittlich
Allgemeinwissen	☐	☐	☐	☐
Analytische Fähigkeiten	☐	☐	☐	☐
Anpassungsvermögen	☐	☐	☐	☐

Charakterliche Stärken	Sehr gut	Gut	Durchschnitt-lich	Unterdurch-schnittlich
Arbeitseffizienz	☐	☐	☐	☐
Aufgeschlossenheit	☐	☐	☐	☐
Beobachtungsgabe	☐	☐	☐	☐
Begeisterungsfähigkeit	☐	☐	☐	☐
Blick für das Machbare	☐	☐	☐	☐
Detailtreue	☐	☐	☐	☐
Diplomatisches Geschick	☐	☐	☐	☐
Durchhaltevermögen	☐	☐	☐	☐
Durchsetzungsvermögen	☐	☐	☐	☐
Eigeninitiative	☐	☐	☐	☐
Einfühlungsvermögen	☐	☐	☐	☐
Eigenverantwortung	☐	☐	☐	☐
Entscheidungsfreude	☐	☐	☐	☐
Geduld	☐	☐	☐	☐
Gehobene Umgangsformen	☐	☐	☐	☐
Herzlichkeit	☐	☐	☐	☐
Kommunikationsfähigkeit	☐	☐	☐	☐
Kontaktfähigkeit	☐	☐	☐	☐
Kooperationsfähigkeit	☐	☐	☐	☐
Konzentrationsfähigkeit	☐	☐	☐	☐
Kreativität	☐	☐	☐	☐

Dieter L. Schmich

Charakterliche Stärken	Sehr gut	Gut	Durchschnitt-lich	Unterdurch-schnittlich
Körperliche Fitness	☐	☐	☐	☐
Kundenorientierung	☐	☐	☐	☐
Lernbereitschaft	☐	☐	☐	☐
Leistungsfähigkeit	☐	☐	☐	☐
Logisches Denkvermögen	☐	☐	☐	☐
Loyalität	☐	☐	☐	☐
Optimismus	☐	☐	☐	☐
Organisationsfähigkeit	☐	☐	☐	☐
Positives Denken	☐	☐	☐	☐
Praktische Intelligenz	☐	☐	☐	☐
Qualitätsbewusstsein	☐	☐	☐	☐
Problemlösungskompetenz	☐	☐	☐	☐
Realitätssinn	☐	☐	☐	☐
Selbstdisziplin	☐	☐	☐	☐
Selbstständigkeit	☐	☐	☐	☐
Soziale Kompetenz	☐	☐	☐	☐
Sprachgewandtheit	☐	☐	☐	☐
Stressbeständigkeit	☐	☐	☐	☐
Technisches Verständnis	☐	☐	☐	☐
Teamgeist	☐	☐	☐	☐
Toleranz	☐	☐	☐	☐

Charakterliche Stärken	Sehr gut	Gut	Durchschnitt-lich	Unterdurch-schnittlich
Verantwortungsbewusstsein	☐	☐	☐	☐
Überzeugungskraft	☐	☐	☐	☐
Unternehmerisches Denken	☐	☐	☐	☐
Verkäuferisches Geschick	☐	☐	☐	☐
Zügige Arbeitsweise	☐	☐	☐	☐
Weitere	☐	☐	☐	☐
Weitere	☐	☐	☐	☐
Weitere	☐	☐	☐	☐
Weitere	☐	☐	☐	☐

Sind Sie damit fertig, versuchen Sie sich wieder in einen Arbeitgeber hineinzuversetzen. Des Weiteren sollten Sie wieder an Ihre Konkurrenz denken:

Welche Merkmale sind in meiner gewünschten Berufstätigkeit relevant bzw. bieten Vorteile für einen Arbeitgeber?

Welche Punkte unterscheiden mich von anderen Bewerbern mit vergleichbarer Qualifikation?

Im Übrigen gibt die Mehrzahl aller Jobsuchenden in Ihren Anschreiben Teamfähigkeit und Zuverlässigkeit an. Das sind folglich keine einzigartigen Stärken, mit denen Sie sich von anderen Bewerbern abheben können.

Zum Schluss müssen Sie sich wieder entscheiden: Streichen Sie Ihre gefundenen charakterlichen Stärken so lange zusammen, bis sich Ihre Hauptmerkmale herauskristallisieren. Es sollten etwa drei bis sechs Punkte übrig bleiben. Diese übertragen Sie dann in die nachfolgende Tabelle:

Dieter L. Schmich

Persönlichkeitsprofil (Softskills):
1. Hauptstärke:
2. Hauptstärke:
3. Hauptstärke:
Weiteres Hauptmerkmal:
Weiteres Hauptmerkmal:
Weiteres Hauptmerkmal:

Auch für Ihr Persönlichkeitsprofil sollten Sie andere Menschen um ihre Meinung bitten. Lassen Sie sich ein Feedback geben. Es ist wichtig, dass Sie sich eindeutig und objektiv beschreiben können. Auch hier ist falsche Bescheidenheit fehl am Platz.

2.3 Fazit

Nach getaner Arbeit liegen Ihnen jetzt zwei Aufstellungen vor: Die Ihrer fachlichen und die Ihrer charakterlichen Stärken – Ihre Hardskills und Ihre Softskills. Sie halten damit die schriftliche Fixierung Ihres gesamten „Beruflichen Profils" in Händen.

Natürlich erfordert es einige Zeit und Konzentration das Ganze auszuarbeiten. Die meisten Bewerber scheuen diesen Aufwand. Sie hingegen sollten diesen schwerwiegenden Fehler nicht begehen. Muten Sie sich diese Fleißaufgabe zu, denn es wird sich für Sie rentieren! Sie schaffen einzigartige Grundlagen. Nur so können Sie sich in die Lage versetzen, beeindruckende und vor allem hochwertige Bewerbungsunterlagen zu erstellen.

Zudem entsteht durch diese Denkaufgabe ein gewaltiger Zusatznutzen: Sie werden nach der Bearbeitung dieses Kapitels eine höhere Selbstsicherheit an sich bemerken. Darüber hinaus haben Sie dann Ihre wichtigsten Stärken auch im Kopf und werden diese jederzeit spontan kommunizieren können. Dies ist eine logische Konsequenz dieses ganzen Aufwands. Haben Sie erst einmal eine Stoffsammlung erstellt, diese dann auf Relevanz überprüft, anschließend unwichtige Punkte gestrichen und zum Schluss in Form von Bewerbungsunterlagen repräsentativ aufbereitet, können Sie sich sicher sein, Ihre fachlichen und charakterlichen Stärken nicht mehr so schnell zu vergessen. Im Endergebnis schaffen Sie elementare Grundlagen, um jederzeit souverän antworten zu können, falls Sie einmal auf Ihre Vorzüge für Unternehmen persönlich angesprochen werden. Spätestens in einem Vorstellungsgespräch wird dies äußerst vorteilhaft für Sie sein.

Die Selbstanalyse Ihrer fachlichen und charakterlichen Stärken garantiert nicht nur eine optimale schriftliche, sondern auch eine ideale verbale Selbstdarstellung.

3 Tabellarischer Lebenslauf

Ihre Bewerbungsunterlagen werden von den meisten Arbeitgebern in der nachstehenden Reihenfolge gesichtet:

1. **Lebenslauf**

2. **Anschreiben**

3. **Zeugnisse und Zertifikate**

Mit der Annahme, dass der Betrachter dieser Vorgehensweise folgt, haben wir sicher mehr als zwei Drittel aller Personalverantwortlichen abgedeckt. Selbstverständlich werden wir an anderer Stelle auch die andere Gruppe von Arbeitgebern berücksichtigen, die der Auffassung sind, zuerst das Anschreiben lesen zu müssen.

Jetzt stellen wir erst einmal die Masse aller potenziellen Leser Ihrer Unterlagen zufrieden. Diese Leute widmen dem Lebenslauf ihr Hauptinteresse. Erst dann, wenn die darin enthaltenen Daten und Fakten akzeptabel erscheinen, wird das Anschreiben überflogen. Zuletzt sind die Zeugnisse und Zertifikate dran. Oft dienen diese Belege nur dazu, die im Lebenslauf gemachten Angaben zu beweisen (später mehr dazu).

Der Lebenslauf ist demzufolge der wichtigste Teil Ihrer Bewerbung. Er ist entscheidend dafür, ob Ihre kompletten Unterlagen weiter in der Hand behalten (oder auf dem Monitor gesichtet) oder gleich auf den Stapel ‚uninteressant' gelegt werden. Daraus folgt:

Dokumentieren Sie Ihr „Berufliches Profil" in der Hauptsache im tabellarischen Lebenslauf.

Dies wird positiv auffallen. Zudem ist es einfach angenehm, wenn nicht erst Anschreiben, Zeugnisse oder sonstige Belege durchgearbeitet werden müssen, um sich einen ersten Eindruck über die Bewerberin oder den Bewerber machen zu können. Der Leser muss lediglich einen Blick auf Ihren Lebenslauf werfen und bekommt alle wichtigen Fakten schnell, übersichtlich und vor allem ganzheitlich präsentiert. Optimale Bedingungen, um den Anforderungen der Werbewirksamkeit und schnellen Bearbeitungsfähigkeit gerecht zu werden.

Bereits der Lebenslauf sollte einer Werbebroschüre gleichen.

Zu Inhalt, Aussagekraft und Gestaltung des tabellarischen Lebenslaufs gebe ich Ihnen jetzt einige Empfehlungen. Meine Ratschläge müssen tagtäglich den Praxistest bestehen, schließlich werde ich von Ratsuchenden und Seminarteilnehmern durchaus sehr genau überprüft, ob das was ich empfehle, auch zum Erfolg führt. Das bedeutet, dass das was Sie im Folgenden lesen, ausreichend erprobt ist und bei Arbeitgebern auf breite Zustimmung stieß (auch mit unterschiedlichen Vorstellungen).

3.1 Fachlicher Inhalt

Sie müssen einige grundsätzliche Anforderungen erfüllen, die sich gegenseitig zu widersprechen scheinen. Dazu zählt einerseits, dass Berufserfahrungen heute näher beschrieben werden müssen, andererseits dürfen Ihre Unterlagen nicht unübersichtlich wirken. Diese beiden Kriterien können Sie nur dann gleichermaßen erfüllen, wenn Sie Ihre Berufserfahrungen tabellarisch aufzählen. Am besten, indem Sie schon die einzelnen Lebenslaufstationen mit zusätzlichen Informationen ergänzen:

Fügen Sie Unterpunkte bei Ihren beruflichen Stationen ein, und beschreiben Sie dort die dazugehörigen Berufserfahrungen.

Den Inhalt der einzufügenden Unterpunkte haben Sie sich bereits erarbeitet. Sie erinnern sich: Bei der Analyse Ihres „Beruflichen Profils" haben Sie sich von Anstellung zu Anstellung durchgearbeitet. Danach haben Sie Ihre Notizen auf Relevanz überprüft und unwichtige Punkte aus der Stoffsammlung gestrichen. Diese entstandene Essenz Ihrer Berufserfahrungen bzw. Zusatzqualifikationen stellen praktisch schon Ihre Unterpunkte dar. Sie müssen das Ganze nur noch ausformulieren:

Integrieren Sie die Notizen aus der Stoffsammlung, als Unterpunkte zu jeder einzelnen Station Ihres Lebenslaufs.

Selbstverständlich ist es nicht notwendig, alle beruflichen Stationen mit einer Unmenge von zusätzlichen Zeilen zu versehen. Dies wäre ein wenig zu viel des Guten, zumal Sie inzwischen wissen, dass sich die Masse der Arbeitgeber meist nur für die letzten zehn bis fünfzehn Jahre (eher fünf bis zehn Jahre) ganz besonders interessiert:

Je weiter die Beschäftigungsverhältnisse zeitlich zurückliegen, umso weniger Unterpunkte fügen Sie ein.

Es wird jedoch auch Leserinnen und Leser geben, bei denen die Berufserfahrungen aus der letzten Anstellung für den aktuellen Berufswunsch nicht relevant sind. Vielleicht möchten Sie auf den Praxiskenntnissen des vorletzten Beschäftigungsverhältnisses aufbauen. Kein Problem – dann fügen Sie natürlich bei dieser vorletzten Anstellung mehr Unterpunkte ein als bei der aktuellen. Das Auge des Betrachters wird immer intuitiv dort als erstes sein, wo am meisten Informationen aufgezählt werden.

Der Betrachter vermutet das meiste Know-how bei denjenigen Stationen mit den zahlreichsten Unterpunkten.

Ihre Berufsabschlüsse, Titel bzw. sonstigen erfolgreich bestandenen Ausbildungen stellen neben Ihren Berufserfahrungen das zweite Standbein Ihres „Fachlichen Profils" dar. Machen Sie deshalb schon im Le-

Dieter L. Schmich

benslauf unmissverständlich deutlich, dass Sie Ihre Berufsausbildung, Ihr Studium oder Ihre Weiterbildungen erfolgreich abgeschlossen haben. Sie müssen sicherstellen, dass Sie mit ganz bestimmten Bewerbern nicht verwechselt werden. Manche Arbeitssuchende, die eine begonnene Ausbildung nicht abschließen konnten, umschreiben die betreffende berufliche Station meist folgendermaßen:

09.2009 - 12.2011:   **Berufsausbildung zum Schreiner bei Musterbetrieb in Musterhausen**

Weitere Angaben werden dazu nicht gemacht. Faktisch ist dies im Prinzip auch nicht falsch, schließlich wird nicht behauptet, dass diese Ausbildung erfolgreich abgeschlossen wurde.

Wenn Sie hingegen aber Ihre Prüfung bestanden haben, sollten Sie diese Tatsache eindeutiger dokumentieren, und zwar ohne, dass man Ihre angehängten Zertifikate umständlich durchsuchen muss, z.b. derart:

09.2009 - 07.2012:   **Berufsausbildung bei Musterunternehmen in Musterdorf**
                       • Abschluss: Kaufmann im Gesundheitswesen

Zusätzlich stechen Ihre Qualifikationen schneller ins Auge.

Falls Sie allerdings davon betroffen sein sollten, bestimmte Ausbildungsgänge abgebrochen zu haben, sollten Sie dazu selbstbewusst stehen. Verwenden Sie bitte keine zweideutigen Formulierungen. Falls Sie eine solche nicht abgeschlossene Ausbildung in Ihrem Lebenslauf angeben sollten, empfehle ich Ihnen, eindeutige Aussagen zu treffen (z.B. durch den Hinweis „ohne Abschluss"). Früher oder später kommt es eh heraus – spätestens in einem Vorstellungsgespräch. Falls Sie dann dort den Eindruck hinterlassen, dass Sie im Vorfeld etwas verschleiern wollten, werden Sie die Stelle sowieso nicht ergattern können.

Wir wenden uns wieder Frau Mustermann zu. Anhand dieses Beispiels zeige ich Ihnen auf, wie Sie Berufserfahrungen und Abschlüsse

übersichtlich und aussagekräftig in einen Lebenslauf einbinden können.
Wenn Sie kurz zurückblättern, erkennen Sie, dass vorher keinerlei Werthaltigkeit erzielt wurde. Es wird kein Wort über die wichtigsten Punkte, d.h. über die Berufserfahrungen, verloren. Dies ändern wir jetzt:

Lebenslauf

Name:	Sabine Mustermann
Adresse:	Weg 1, 10000 Musterau
	Telefon: 030/12345
	Mobil: 0123/1234567
	E-Mail: muster@mail.de
Geburtsdaten:	TT. Monat JJJJ in Musterheim
Familienstand:	ledig

Beruflicher Werdegang

Seit 01.06.10	**Assistentin der Geschäftsleitung bei Muster AG, Musterstadt**
	- Preiskalkulation von IT-Dienstleistungen
	- Angebotserstellung in Deutsch und Englisch
	- Prüfen der Geschäftsbedingungen nationaler und internationaler Lieferanten
	- Kontrolle und Terminkoordination des Verkaufsteams
	- Kundenempfang und -betreuung
	- Liquiditätskontrolle, Bankvollmacht, Kassenführung
03/98 - 12/09	**Vertriebsassistentin bei Musterpharma GmbH, Musterberg**
	- Beschaffung und Bestandskontrolle von Werbemitteln
	- Organisation und Durchführung von Kundenevents
08/95 - 02/98	**Bürokauffrau bei Musterfima, Musterheim**
	- Komplette Bandbreite üblicher Büroarbeiten

Schule und Berufsausbildung

1993 - 1995	**Berufsausbildung bei Musterunternehmen, Musterheim**
	- Abschluss: Bürokauffrau
1987 - 1993	**Musterholtz-Realschule, Musterheim**
	- Abschluss: Mittlere Reife

Fort- und Weiterbildungen

- VHS-Englischkurse (zurzeit Level XY, 2000 bis heute)
- ECDL (Europäischer Computerführerschein) an der Musterakademie (2010)
- Qualifizierung zur Finanzassistentin bei ABC AG (2008)
- Business-Englisch an der Musterschule Musterstadt (2001)
- 123-Zertifikat am Musterinstitut (1999)

Sonstige Fähigkeiten und Kompetenzen

- MS Office
- SAP R/3
- Verhandlungssicheres Englisch in Wort und Schrift
- Französisch, Grundkenntnisse
- Führerschein Klasse B

Monat JJJJ   *Sabine Mustermann*

Die Empfehlung, die Ergebnisse der Profilanalyse schon in den Lebenslauf einzubinden, stellt zwar mit weitem Abstand das wichtigste Kriterium für einen werthaltigen Inhalt von Bewerbungsmappen und Onlinebewerbungen dar, dennoch ist unser Beispiellebenslauf noch weit davon entfernt, Arbeitgebern vorgelegt werden zu können. Auf den nächsten Seiten werden wir das Ganze Schritt für Schritt weiter optimieren.

Nichtsdestotrotz, stimmen Sie mir sicher zu, dass der veränderte Lebenslauf von Frau Mustermann schon jetzt eine wahre Wohltat für einen Leser sein wird. Alle relevanten Berufserfahrungen und Abschlüsse sind bereits erkennbar, ohne dass man sich umständlich in die ganze Bewerbung einarbeiten muss. So kann der vielfache Arbeitgeberwunsch nach mehr Aussagekraft schon im Lebenslauf optimal erfüllt werden. Je mehr tabellarisch strukturierte Informationen geboten werden, umso schneller kann sich ein Arbeitgeber einen Gesamtüberblick verschaffen. So ist es tatsächlich möglich, das Ganze in wenigen Sekunden zu erfassen.

Um ein noch idealeres Ergebnis zu erzielen, sollten Sie zusätzlich versuchen, auf Folgendes zu achten:

Aus der Auflistung Ihrer beruflichen Positionen und Berufserfahrungen sollte ein beruflicher Aufstieg erkennbar sein.

Natürlich verfügt nicht jeder über eine Laufbahn, bei der es kontinuierlich bergauf ging. Dennoch sollten Sie es zumindest versuchen, diesen Ratschlag zu berücksichtigen. Wie ich hinlänglich erläutert habe, sollten die meisten Unterpunkte bei der aktuellsten Anstellung eingefügt werden (bzw. bei demjenigen Beschäftigungsverhältnis, auf dem Sie aufbauen möchten). Vielleicht ist es auch möglich, genau an dieser Stelle Ihre anspruchsvollsten Erfahrungen oder Positionen erscheinen zu lassen.

Zurück zu unserem Beispiel: Sicher haben Sie bemerkt, dass bei Frau Mustermann ein neuer Gliederungspunkt aufgetaucht ist. Es stellte sich bei der Analyse ihres Profils heraus, dass sie über viele interessante Fortbildungen verfügte. Kurzum hatten wir beschlossen, dafür eine se-

parate Überschrift zu generieren. Jetzt sind auch die werthaltigen Zusatzqualifikationen schnell zu erkennen. Zuvor war dies nur dann möglich, wenn man in den beigelegten Zertifikaten gesucht hätte. Es gibt im
Übrigen weitere Gliederungsmöglichkeiten.

3.2 Gliederung

Der tabellarische Lebenslauf ist zu gliedern. Die Übersichtlichkeit und
damit die Bearbeitungsfähigkeit werden deutlich verbessert.

Die nachstehenden Vorschläge für mögliche Gliederungspunkte
müssen Sie jedoch für Ihre spezifische Situation zusammenfassen, streichen oder ergänzen:

Beruflicher Werdegang

Studium

Berufsausbildung

Schule

Fort- und Weiterbildungen

PC-Kenntnisse

Sprachen

Persönliche Eigenschaften

Sonstige Kenntnisse und Kompetenzen

Welche Gliederungspunkte sinnvoll sind, ist von Ihrem Berufswunsch
abhängig. Grundsätzlich gilt:

Die Gliederung sollte Ihre Kernkompetenzen unterstreichen.

Absolvierten Sie beispielsweise in den letzten Jahren viele Fortbildungen, verfügen über umfangreiche EDV-Kenntnisse oder bieten beträcht-

Dieter L. Schmich

liche Sprachkompetenzen, ist es vorteilhaft, dafür eigene Überschriften zu kreieren (falls relevant). Oder Sie haben vielleicht zahlreiche Praktika absolviert, die zugleich einen wichtigen berufsrelevanten Zusatznutzen darstellen, dann ist es ebenso sinnvoll, einen neuen Gliederungspunkt zu schaffen.

Verfügen Sie beispielsweise über etwas weniger fachliche Vorzüge für eine ausgeschrieben Stelle, dann konzentrieren Sie sich einfach auf Ihre charakterlichen Stärken. In diesem Fall ist es durchaus überlegenswert, schon im Lebenslauf unter einem separaten Gliederungspunkt seine „Persönlichen Eigenschaften" aufzuzählen. Dies ist immer noch besser, als gar keinen werthaltigen Inhalt zu bieten.

Später zeige ich Ihnen noch einige Musterbeispiele für tabellarische Lebensläufe. Dort können Sie sich dann inspirieren lassen, welche weiteren Gliederungsmöglichkeiten bestehen.

3.3 Deckblatt

Ein Deckblatt als erste Seite wird heute immer häufiger verwendet (mittlerweile bei zirka der Hälfte aller eingehenden Bewerbungen). Darauf sind das Bewerbungsfoto und die persönlichen Angaben zu sehen. Sie haben jedoch die Wahl: Ob Sie eines verwenden oder nicht, wird kein entscheidender Faktor für Ihren Bewerbungserfolg sein.

> **Für die meisten Arbeitgeber ist es mehr oder weniger unerheblich, ob Sie ein Deckblatt verwenden oder nicht.**

Obwohl das Ganze eine Geschmackssache bleibt, gibt es jedoch einen Fall, in dem Sie durch ein Deckblatt einen kleinen Vorteil erzielen können: Neben dem repräsentativen Effekt, schafft es mehr Platz für die Formatierung des eigentlichen Lebenslaufs. Falls die Auflistung Ihrer beruflichen und schulischen Stationen zu gedrängt wirken sollte, empfehle ich, auf jeden Fall ein Deckblatt zu verwenden.

3.4 Persönliche Daten

Unter „Persönliche Daten" werden auf der Arbeitgeberseite folgende Angaben verstanden.

Vorname

Nachname

Geburtsdatum

Geburtsort

Familienstand

Staatsangehörigkeit

Adresse

Kontaktdaten

Dieses Thema, ob solche Angaben zulässig bzw. sinnvoll sind, wird seit geraumer Zeit in den Medien angeregt diskutiert. Zudem stehen solche privaten Daten im Widerspruch zum Antidiskriminierungsgesetz. Jedoch beteiligen sich nur Arbeitgeber der Öffentlichen Hand und ein paar wenige Großkonzerne ernsthaft an dieser Debatte.

Dabei ist zu unterscheiden zwischen der veröffentlichen und der tatsächlichen Meinung der Arbeitswelt. Ich gebe Ihnen dazu einen wichtigen Erfahrungswert aus dem Bewerbungsalltag:

Hinter vorgehaltener Hand wird vom Gros aller Arbeitgeber die vollständige Angabe aller persönlichen Daten erwartet.

Das heißt, diese theoretischen Diskussionen helfen Ihnen bei Ihrer Jobsuche nicht weiter. Lassen Sie beispielsweise das Geburtsdatum weg, haben Sie zwar die europäische Rechtsprechung oder die Medien auf Ihrer Seite, aber auch bei den meisten Arbeitgebern keine Einladung zu einem Vorstellungsgespräch.

Erfahrungsgemäß entstehen keine positiven Interpretationen, wenn bestimmte Angaben fehlen. Sind Sie beispielsweise ein/e 40plus-Bewerber/in und lassen das Geburtsdatum einfach weg, ist es wahrscheinlich, dass man Ihnen ein Alter weit über Fünfzig unterstellt.

Bleiben Sie lieber dabei, alle persönlichen Daten anzugeben.

Falls Sie dann doch aufgrund der Angabe bestimmter Daten aussortiert werden sollten, muss dies nicht unbedingt nachteilig für Sie sein. Sie sollten sich grundsätzlich fragen, ob solche Unternehmen, die mit unseriösen Auswahlkriterien arbeiten, für Sie geeignet sind. Erhalten Sie also eine Absage, weil z.B. Ihr Alter nicht den Erwartungen entspricht, haben Sie auf natürliche Weise Unternehmen aussortiert, die inkompetent sind.

Falls Sie jedoch zu den wenigen Lesern zählen sollten, die selbst so ihre Probleme mit dem Familienstand, Foto oder Lebensalter haben, sollten Sie schleunigst Ihre Einstellung überdenken. Das Verschleiern bestimmter privater Merkmale kostet Sie mehr Lebensenergie als folgende Einstellung:

Stehen Sie selbstbewusst zu all Ihren persönlichen Daten.

3.5 Bewerbungsbild

Grundsätzlich haben Sie Ihrem Bild einen sehr hohen Stellenwert einzuräumen. Unterschätzen Sie diesen Punkt nicht! Bedenken Sie, dass auch Entscheidungsträger gängigen menschlichen Verhaltensmustern unterliegen:

Das Bewerbungsfoto wird meist als Erstes betrachtet.

Natürlich ist das nicht ganz fair, schließlich hat Ihr optisches Erscheinungsbild nichts mit Ihrer fachlichen und charakterlichen Eignung zu tun. Aber auch hier gilt das bisher Gesagte: Selbstverständlich können

Sie sich auch auf die aktuelle Gesetzeslage berufen (Gleichbehandlungsgesetz) und kein Foto in die Bewerbungsunterlagen integrieren. Dann hätten Sie zwar hundertprozentig Recht, allerdings bei den meisten Unternehmen auch keinen Job. Die überwiegende Mehrzahl aller Arbeitgeber erwartet noch immer Ihr Bewerbungsfoto. Zumindest zum jetzigen Stand der Dinge, auch wenn in den Medien etwas anderes behauptet werden sollte.

Fügen Sie Ihr Bewerbungsbild im Zweifelsfall immer bei.

Damit erfüllen Sie die Erwartungshaltung der meisten Betriebe. Dagegen haben Sie bei den übrigen paar Unternehmen, die tatsächlich so weitsichtig agieren und kein Foto erwarten, keine Nachteile zu befürchten.

Des Weiteren sollten Sie nicht am falschen Ende sparen: Lassen Sie sich durch einen guten Fotografen mehrere Varianten anfertigen. Wählen Sie dann dasjenige Foto aus, auf dem Sie die positivste und vor allem vertrauenswürdigste Wirkung erzielen (bitte nicht mit Attraktivität verwechseln). In der Regel können dies Außenstehende objektiver bewerten als Sie selbst:

Zeigen Sie Ihre Aufnahmen großzügig anderen Menschen und holen Sie sich mehrere Meinungen ein.

Ihre Aufnahme sollte zudem in digitaler Form vorliegen. Damit können Sie sich die Arbeit des Einscannens von Bewerbungsbildern sparen. Lassen Sie sich deshalb vom Fotografen eine CD/DVD aushändigen. So erfüllen Sie die Voraussetzung, Ihr Foto direkt in Ihren Lebenslauf als Datei einfügen zu können (MS Word: MENÜLEISTE / EINFÜGEN / GRAFIK AUS DATEI EINFÜGEN).

Nur noch selten werden Bewerbungsfotos eingeklebt (meist nur dann, wenn die PC-Kenntnisse des Bewerbers nicht ausreichend sind). Auch wenn der nostalgische Fall eintreten sollte, dass noch eine Bewerbungsmappe per Post erwünscht wird und Sie Ihre Unterlagen inklusive des digital eingefügten Fotos ausdrucken müssen, ist die Ausgabequalität der heutigen Drucker völlig ausreichend.

Verzichten Sie bitte auf das Einkleben von Bewerbungsfotos.

Darüber hinaus haben Sie die Wahlfreiheit, ob Sie sich für eine farbige oder s/w-Variante entscheiden. Auch hier sollten Sie sich für diejenige entscheiden, bei der Sie am sympathischsten wirken (verlassen Sie sich auch hierbei auf die Meinung Ihres Umfelds).

Im Übrigen ist es mehr oder weniger unerheblich, welche Größe Sie wählen. Ihr gesunder Menschenverstand wird Ihnen dabei sicher helfen. Im Zweifelsfall rate ich Ihnen, sich eher für ein zu großes als zu kleines Foto zu entscheiden. Insbesondere dann, wenn Sie ein Deckblatt verwenden möchten.

Schließlich sollten Sie noch auf den aktuellen Stand Ihres Fotos achten. Es ist für einen Gesprächspartner immer unangenehm, wenn zum Vorstellungsgespräch jemand erscheint, den man so nicht erwartet hätte. Diese Problematik gilt auch in einem anderen Fall: Falls Sie sich dazu entscheiden sollten, Ihr Bild digital nachbearbeiten zu lassen (was heute nicht unüblich ist), sollten Sie natürlich das gesunde Augenmaß nicht verlieren!

3.6 Kopf- oder Fußzeilen

Da Onlinebewerbungen per E-Mail die klassischen Bewerbungsmappen größtenteils ersetzt haben, ist es mittlerweile zweckmäßig, Adresse und Kontaktdaten von den persönlichen Angaben zu trennen und als „Kopfzeile" zu formatieren (alternativ: als „Fußzeile"). Das heißt, in Ihren Bewerbungsunterlagen erscheinen auf jeder einzelnen Seite gleichermaßen Name, Anschrift, Telefonnummer und E-Mail-Adresse.

Damit erfüllen Sie wieder unterschiedliche Bearbeitungsstandards der Arbeitgeberseite zugleich: Im Fall von Onlinebewerbungen werden Ihre Unterlagen entweder direkt am Bildschirm gesichtet oder, im anderen Fall, von zuarbeitenden Mitarbeitern ausgedruckt, um diese dann den jeweiligen Entscheidungsträgern weiterzuleiten. Falls Ihre Bewerbung ausgedruckt werden sollte, entsteht lediglich ein Stapel loser Blätter. Sollte versehentlich einmal alles auseinander fallen, können die jeweiligen Seiten durch einheitliche „Kopf-/Fußzeilen" wieder schneller zugeordnet werden (insbesondere dann, wenn Bewerbungsdateien zahlreicher Jobsuchenden zeitgleich ausgedruckt werden).

Des Weiteren gibt es Arbeitgeber, die nur einzelne Seiten Ihrer Bewerbungsunterlagen herauskopieren oder weiterbearbeiten. Unerheblich davon, welche Seiten dies sind, Ihre Kontaktdaten sind immer präsent.

3.7 Lückenlosigkeit

Egal welche Ansichten über tabellarische Lebensläufe auf der Arbeitgeberseite existieren, in einer Sache sind sie sich alle einig:

Ihr tabellarischer Lebenslauf muss unbedingt lückenlos sein!

Mir ist bewusst, dass viele Bewerber auf Kriegsfuß mit dem Begriff „Arbeitsuchend" stehen. Um die Benennung solcher Zeiträume zu vermeiden, machen manche Jobsuchende dazu gar keine Angaben. Sie tun so, als hätte es diese Tatsache nie gegeben. Sie lassen unkommentiert einfach eine Lücke zwischen ihren beruflichen Stationen offen.

Geben Sie dem Betrachter Ihrer Unterlagen keine Gelegenheit, über bestimmte Zeiträume frei interpretieren zu können.

Falls Sie den Leser über bestimmte Zeiträume im Unklaren lassen, besteht die Neigung, in die Lücken Negatives hinein zu interpretieren, wie z.B. Haft, Drogenentzug, Burnout, Schwarzarbeit, chronische Krankheiten usw. Wenn Sie hingegen nur arbeitslos waren, klingt diese Tatsache in Relation zu möglichen anderen Gründen fast schon erfreulich.

Falls Sie ein Problem mit der Nennung des Begriffs „Arbeitslosigkeit" haben, sollten Sie Ihre Vorstellungen an die gewandelte Arbeitswelt anpassen. Erstens sind Phasen ohne einen Job zu haben nichts mehr Außergewöhnliches und zweitens sind es die Betrachter Ihrer Unterlagen mittlerweile gewohnt, dass die Anstellungsdauer der meisten Arbeitnehmer heute deutlich kürzer ist, als vor vielen Jahren.

Im Umkehrschluss müssen Sie es mit der Lückenlosigkeit aber auch nicht übertreiben. Ich empfehle Ihnen folgenden Kompromiss:

Zeiträume, die kleiner als drei Monate sind, können Sie unbesorgt unkommentiert, das heißt offen lassen.

3.8 Zeitangaben

Achten Sie bitte darauf, dass die Zeitangaben für Ihre schulischen, beruflichen und sonstigen Lebenslaufstationen mit denen Ihrer beigelegten Zeugnisse und Zertifikate übereinstimmen. Sicher werden Sie erstaunt sein, dass ich so eine Bagatelle überhaupt erwähne. Eigentlich sind dies ja Selbstverständlichkeiten. Die Realität spricht jedoch eine andere Sprache. Erstaunlicherweise gibt es in zahlreichen Bewerbungsunterlagen dahingehend Unstimmigkeiten. Sicher sind diese Widersprüchlichkeiten einfach nur Leichtsinnsfehler der Bewerber. Dennoch ist dies ärgerlich, schließlich gibt man wieder dem Gegenüber Anlass zu negativen Interpretationen.

Zu diesem Thema zählen im Übrigen auch Tippfehler. Nahezu in jeder zweiten Bewerbung sind solche zu finden. Obwohl jeder sich darüber im Klaren ist, dass dies nur versehentlich passiert, hinterlassen solche Konzentrationsfehler dennoch einen schlechten Eindruck: Man könnte auch eine Rechtschreibeschwäche dahinter vermuten.

Lassen Sie Ihre fertigen Unterlagen von Dritten Korrektur lesen.

Dies ist der beste Weg, um solche Mängel aufdecken zu können. Sie selbst hingegen werden Ihre Tippfehler meist nicht aufspüren, da man in der Regel einfach darüber hinwegliest.

Zurück zu den Zeitangaben: Es steht Ihnen frei, ob Sie für den Beginn und das Ende Ihrer einzelnen Lebenslaufstationen Tages-, Monats- und Jahresangaben machen oder sich nur auf den Monat und die Jahreszahl beschränken. Ich empfehle jedoch auf die Tagesdaten zu verzichten. Diese erzielen keine zusätzliche Aussagekraft und verschlechtern zudem die Übersichtlichkeit Ihres Lebenslaufs.

Geben Sie Monats- und Jahresangaben an.

Verzichten Sie möglichst darauf, ausschließlich Jahreszahlen anzugeben. Es ist auf der Arbeitgeberseite hinlänglich bekannt, dass sich nur solche Bewerber auf die Nennung von Jahresangaben reduzieren, die versuchen, einige Lücken zu verschleiern. Ist allerdings die Anzahl Ihrer Lücken exorbitant hoch, sind natürlich die negativen Interpretationen aufgrund der ausschließlichen Nennung von Jahresangaben mit dem Nachteil, viele Unterbrechungen zu haben, gegeneinander abzuwägen.

Im Übrigen erscheinen am Ende Ihres Lebenslaufs immer Datum sowie Unterschrift. Damit bestätigen Sie den Wahrheitsgehalt Ihrer Angaben. Da Bewerbungen online als PDF versendet werden (später mehr dazu), hat sich durchgesetzt, am Ende Ihres Lebenslaufs nur den Monat sowie das Jahr als aktuelles Datum anzugeben. Dadurch können Sie einen einmal erstellten Lebenslauf zumindest einen ganzen Monat zur Bewerbung verwenden. Die Mühe, jedes Mal ein neues PDF erstellen zu müssen, nur weil sich lediglich das Datum der Erstellung Ihrer Unterlagen geändert hat, können Sie sich so sparen.

Im Übrigen rate ich Ihnen, zu vierstelligen Jahresformaten (MM.JJJJ oder MM/JJJJ) bei den Zeitangaben Ihres Lebenslaufs. Diese Formate sind für das Auge des Betrachters angenehmer zu lesen.

Dieter L. Schmich

3.9 Chronologie und Vollständigkeit

Chronologisch hat sich der „Amerikanische Stil" durchgesetzt:

Ihr eigentlicher Lebenslauf startet mit Ihrem aktuellen Status, wird zeitlich absteigend fortgeführt und endet mit der Schule.

Natürlich kann auch der konservative „Deutsche Stil" (umgekehrte Reihenfolge) verwendet werden. Schließlich gibt es keine festen Standards zum Thema Lebenslauf. Dennoch rate ich Ihnen zur „Amerikanischen Variante". Diese ist nicht nur moderner, sondern auch angenehmer zu handhaben.

Meist interessiert sich ein Betrachter als Allererstes dafür, was Sie zuletzt beruflich gemacht haben. Steht dies ganz oben, sind Ihre Daten dazu sofort präsent. Zudem muss man nicht ewig blättern, um die aktuellsten Arbeitszeugnisse zu finden, schließlich sind diese im Fall des „Amerikanischen Stils" direkt hinter dem Lebenslauf eingeordnet und nicht, wie beim „Deutschen Stil", zum Schluss Ihrer Unterlagen.

Auch zur Vollständigkeit Ihrer Unterlagen gibt es bei Unternehmen gegensätzliche Meinungen. Wie ich hinlänglich erläutert habe, sind für den Leser meist nur die letzten Jahre interessant. Dann erwartet man natürlich nur für diesen Zeitraum exakte Angaben. Andere Personalverantwortliche verstehen hingegen unter einem guten Stil, wirklich alles anzugeben, auch dann, wenn bestimmte Lebenslaufstationen eine kleine Ewigkeit her sind.

Die einzige Lösung, unseren Anspruch unterschiedlichen Vorstellungen gerecht zu werden, liegt darin, tatsächlich alle schulischen und beruflichen Stationen zu benennen. So freut sich die Fraktion der Vollständigkeitsfanatiker. Bei der anderen Gruppe die mit weniger zufrieden ist, haben Sie hingegen keine Nachteile zu befürchten.

Geben Sie vollständig alle beruflichen, schulischen und sonstigen Lebenslaufstationen an.

Natürlich müssen Sie es auch nicht auf die Spitze treiben, nur um es ein paar Exoten recht machen zu wollen. Falls Sie z.B. über mehrere Schulabschlüsse verfügen, dürfen Sie sich auf die Nennung des höchsten Schulabschlusses beschränken. Ebenso können Sie einige verschiedene Schulen, die in der Summe zu einem einzigen Abschluss geführt haben, zu einer einzigen Station zusammenfassen. Auf die Angabe Ihrer Grundschule können Sie hingegen gänzlich verzichten. Dies wird tatsächlich von niemandem mehr erwartet (Ausnahme: Schüler, die eine Ausbildungsstelle suchen).

3.10 Unebene Punkte

Unter einem „Unebenen Lebenslauf" versteht man eine berufliche Laufbahn, die nicht geradlinig ist oder zu viele Unterbrechungen beinhaltet. Zu diesem Thema gehören auch auffällig kurze Beschäftigungsverhältnisse (unter einem Jahr), Langzeitarbeitslosigkeit, Minijobs, Ausflüge in andere Branchen oder Tätigkeitsbereiche, gescheiterte selbstständige Tätigkeiten oder sonstige Punkte, die auf keinen idealen Karriereverlauf hinweisen.

In diesen Fällen kann ich Ihnen pauschal keinen Rat geben. Dieses Themengebiet ist zu spezifisch von Ihrer beruflichen Situation abhängig. Grundsätzlich kann ich Ihnen nur eines empfehlen:

Beschäftigen Sie sich in der Hauptsache mit Ihren Vorzügen, die Sie bieten, anstatt mit Ihren vermeintlichen Defiziten.

Dokumentieren Sie so viele fachliche und charakterliche Stärken, wie Sie nur irgendwie finden können. Dabei ist die gezeigte Profilanalyse das entscheidende Instrument. Akribisch sollten Sie sozusagen Detektiv spielen, welche Vorzüge Sie für eine ausgeschriebene Position bieten. Diese Ergebnisse in Ihren Unterlagen zu präsentieren ist der beste Weg, vermeintliche Defizite vernachlässigbar klein erscheinen zu lassen.

Dieter L. Schmich

Unabhängig davon mache ich jedoch auch immer wieder die Erfahrung, dass sich viele Arbeitssuchende über einige Punkte in ihrer beruflichen Laufbahn den Kopf zerbrechen, ohne dass es dazu einen triftigen Grund gibt.

Oft sehen Bewerber in bestimmten Punkten ihres Lebenslaufs größere Probleme, als die Arbeitgeber selbst.

Dies ist eine sehr wichtige Aussage. Es wäre nicht das erste Mal, dass bestimmte Fakten bei einem Bewerber als notwendiges Übel akzeptiert werden. Bieten Sie gerade das, wonach ein Arbeitgeber sucht, wird oft über bestimmte unebene Punkte großzügig hinweggesehen.

Zusammenfassend heißt das für Sie: Rechtfertigungen für fachliche, persönliche oder sonstige Defizite Ihrerseits haben in Bewerbungsunterlagen nichts zu suchen.

Sie dokumentieren in Ihren Bewerbungsunterlagen ausschließlich den Nutzen, den Sie Unternehmen bieten können.

Falls Sie zu den wenigen Leserinnen oder Leser zählen sollten, die nach der Profilanalyse über ihren beruflichen Wert nicht angenehm überrascht sind, kann ich Ihnen nur eines empfehlen: Widmen Sie sich noch einmal dem Profiling. Gehen Sie Tag für Tag Ihres Arbeitsalltags noch einmal durch. Die überwiegende Mehrzahl aller Bewerber, die dies konsequent umsetzen, erkennen an sich genug berufliche Vorzüge für Arbeitgeber. Sie wären die oder der Erste, der überhaupt nichts Positives findet. Diesen Fall habe ich in meiner langjährigen Arbeit als Jobcoach noch nie erlebt.

Alles in allem sollten Sie also auf die Angabe von Kündigungsgründen, Erklärungen für Zeiten der Arbeitslosigkeit oder sonstige Fingerzeige für berufliche Defizite verzichten. Im Übrigen gibt es heute fast keinen Berufstätigen mehr, der nicht irgendeinen „unebenen Punkt" in seinem Lebenslauf hat. Diese schönen ‚Bilderbuchlebensläufe‘, die man oft im Internet findet, entsprechen selten der Realität.

3.11 Layout

Zurück zu Frau Mustermann. Der Lebenslauf wurde weiter optimiert:

Sabine Mustermann
Weg 1   10000 Musterau   Telefon: 0 30 / 1 23 45   Mobil: 01 23 / 1 23 45 67   E-Mail: muster@mail.de

Bewerbung

Sabine Mustermann

Geburtsdatum: **TT. Monat JJJJ**
Geburtsort: **Musterheim**
Familienstand: **ledig**
Nationalität: **deutsch**

Inhalt:
Anschreiben
Tabellarischer Lebenslauf
Zertifikate und Zeugniskopion

Dieter L. Schmich

Aus Platzgründen wurde sich für ein Deckblatt entschieden. Das bringt mehr Gestaltungsspielraum. Der eigentliche Lebenslauf kann jetzt ein wenig aufgelockerter formatiert werden.

Sabine Mustermann
Weg 1   10000 Musterau   Telefon: 0 30 / 1 23 45   Mobil: 01 23 / 1 23 45 67   E-Mail: muster@mail.de

Lebenslauf

Beruflicher Werdegang

06/2010 - heute	**Assistentin der Geschäftsleitung bei Muster AG, Musterstadt** - Preiskalkulation von IT-Dienstleistungen - Angebotserstellung in Deutsch und Englisch - Prüfen der Geschäftsbedingungen nationaler und internationaler Lieferanten - Kontrolle und Terminkoordination des Verkaufsteams - Kundenempfang und -betreuung - Liquiditätskontrolle, Bankvollmacht, Kassenführung
01/2010 - 05/2010	**Bewerbungsphase**
03/1998 - 12/2009	**Vertriebsassistentin bei Musterpharma GmbH, Musterberg** - Beschaffung und Bestandskontrolle von Werbemitteln - Organisation und Durchführung von Kundenevents
08/1995 - 02/1998	**Bürokauffrau bei Musterfima, Musterheim** - Komplette Bandbreite üblicher Büroarbeiten

Schule und Berufsausbildung

09/1993 - 07/1995	**Berufsausbildung bei Musterunternehmen, Musterheim** - Abschluss: Bürokauffrau
09/1987 - 08/1993	**Musterholtz-Realschule, Musterheim** - Abschluss: Mittlere Reife

Fort- und Weiterbildungen

- VHS-Englischkurse (zurzeit Level XY, 2000 bis heute)
- ECDL (Europäischer Computerführerschein), Akademie (2010)
- Qualifizierung zur Finanzassistentin bei ABC AG (2008)
- Business-Englisch an der Musterschule Musterstadt (2001)
- 123-Zertifikat am Musterinstitut (1999)

Sonstige Fähigkeiten und Kompetenzen

- MS Office
- SAP R/3
- Verhandlungssicheres Englisch in Wort und Schrift
- Französisch, Grundkenntnisse
- Führerschein Klasse B

Monat JJJJ   *Sabine Mustermann*

Darüber hinaus haben sich weitere Veränderungen im tabellarischen Lebenslauf von Frau Mustermann ergeben:

Adresse und Kontaktdaten wurden als Kopfzeile formatiert. Dadurch entsteht neben dem Einfügen des Deckblatts noch mehr Platz für den eigentlichen Lebenslauf. Zudem wird bei Onlinebewerbungen die Zuordnungsfähigkeit aller Seiten verbessert.

Formate für Zeitangaben wurden vereinheitlicht. Jahreszahlen von zwei- auf vierstellig geändert.

Die Lücke zwischen 01/2010 und 05/2010 wurde geschlossen.

Die Staatsangehörigkeit wurde angeben. Damit sind die persönlichen Angaben komplett.

Der zuvor optimierte fachliche Inhalt wirkt jetzt etwas lesefreundlicher. Mögliche ungewünschte Interpretationen aufgrund der Lücke oder der fehlenden Staatsangehörigkeit finden nicht mehr statt.

Im Übrigen rate ich Ihnen, das gesamte Dokument nicht zentriert zu formatieren. Berücksichtigen Sie, dass das Ganze später in eine Bewerbungsmappe einzuheften ist oder, im Falle von Onlinebewerbungen, auf der Arbeitgeberseite eventuell ausgedruckt und irgendwo abgelegt wird. Deshalb sollte der linke Rand der Seite breiter sein als der rechte (z. B. links: 3 cm und rechts 1,5 cm o.Ä.). Eingeordnet wirken Ihre Unterlagen dann wieder zentriert. Darüber hinaus können die linksseitigen Textanfänge, falls das Ganze eingeheftet werden sollte, nicht mehr von dem Heftmechanismus abgedeckt werden. Auch das erleichtert die Lesbarkeit Ihrer Unterlagen auf der Empfängerseite.

Jedoch fehlt noch ein wenig die Eleganz. In puncto Grafik und Gestaltung haben Bewerbungsunterlagen mittlerweile ein recht hohes Niveau erreicht. Ich befürchte, dass europaweit die deutschsprachigen Bewerberinnen und Bewerber dabei den größten Aufwand betreiben.

Natürlich können Sie sich daran anpassen. Allerdings ist eine aufwendige optische Gestaltung auch immer eine Gratwanderung. Einerseits sollten Ihre Bewerbungsunterlagen positiv auffallen, andererseits sollten diese nicht den Eindruck hinterlassen, dass Sie Ihre Chancen auf

Dieter L. Schmich

dem Arbeitsmarkt eher schlecht einschätzen. Gefragte Kandidaten haben es üblicherweise nicht nötig, bei ihren Bewerbungsunterlagen übertrieben viel optischen Aufwand zu betreiben. (Berufstätige mit begehrten Spezialkenntnissen haben oft gar keine Unterlagen, sie werden einfach abgeworben und eingestellt). Demzufolge sollten Sie davon absehen, aus Ihren Unterlagen ein gestalterisches Gesamtkunstwerk machen zu wollen. Es gibt keinen Anlass, übertrieben viel Zeit in die grafische Formatierung zu investieren (Ausnahme: kreative/gestalterische Berufe).

Sicher werden in modernen und jugendlichen Branchen, wie beispielsweise in der Medien- und Modeszene, auffälligere und gewagtere Layouts bei Bewerbungsunterlagen zu sehen sein. Während beispielsweise bei Diplom-Ingenieuren/innen, Juristen/innen oder Bilanzbuchhaltern/innen eher unauffällige und nüchtern wirkende Dokumente üblich sind.

Das Ganze ist demnach von Ihrer Arbeitgeberzielgruppe abhängig. Dennoch bleibt die Optik von Dokumenten in letzter Konsequenz eine Geschmackssache und darüber kann man bekanntlich streiten. Im Zweifelsfall rate ich Ihnen, grafische Elemente eher sparsam einzusetzen und grundsätzlich einen konservativen Weg zu wählen:

- **Nutzen Sie klare und leicht lesbare Standardschriften, wie z.B. Arial, Tahoma, Verdana, Calibri etc.**

- **Setzen Sie keine geschwungenen, exotischen oder Serif-Schriften ein, wie z.B. Garamond, Times New Roman etc.**

- **Verwenden Sie Schriftgrößen von 10pt oder größer.**

- **Falls Sie andere Farben als Schwarz verwenden möchten, dann bieten sich Grau- oder Blautöne an.**

- **Setzen Sie zur Strukturierung des Lebenslaufs Linien ein.**

- **Arbeiten Sie mit grafischen Aufzählungszeichen, wie Striche, Punkte, Quadrate, Karos etc.**

Schließen wir unser Fallbeispiel ab. Ich zeige jetzt auf, wie Sie mit minimalem Formatierungsaufwand ein elegantes Endergebnis erhalten können. Ich habe lediglich eine andere Schrift genutzt, Aufzählungszeichen verwendet und noch eine vertikale Linie eingezogen – nichts weiter:

Sabine Mustermann
Weg 1, 10000 Musterau, Telefon: 0 30 / 1 23 45, Mobil: 01 23 / 1 23 45 67, E-Mail: muster@mail.de

Bewerbung

Sabine Mustermann

Geburtsdatum:	TT. Monat JJJJ
Geburtsort:	Musterheim
Familienstand:	ledig
Nationalität:	deutsch

Inhalt:	Anschreiben
	Lebenslauf
	Zertifikate
	Zeugniskopien

Dieter L. Schmich

Sabine Mustermann
Weg 1, 10000 Musterau, Telefon: 0 30 / 1 23 45, Mobil: 01 23 / 1 23 45 67, E-Mail: muster@mail.de

Lebenslauf

Beruflicher Werdegang

06/2010 - heute	**Assistentin der Geschäftsleitung bei Muster AG, Musterstadt** • Preiskalkulation von IT-Dienstleistungen • Angebotserstellung in Deutsch und Englisch • Prüfen der Geschäftsbedingungen nationaler und internationaler Lieferanten • Kontrolle und Terminkoordination des Verkaufsteams • Kundenempfang und -betreuung • Liquiditätskontrolle, Bankvollmacht, Kassenführung
01/2010 - 05/2010	**Bewerbungsphase**
03/1998 - 12/2009	**Vertriebsassistentin bei Musterpharma GmbH, Musterberg** • Beschaffung und Bestandskontrolle von Werbemitteln • Organisation und Durchführung von Kundenevents
08/1995 - 02/1998	**Bürokauffrau bei Musterfima, Musterheim** • Komplette Bandbreite üblicher Büroarbeiten

Schule und Berufsausbildung

09/1993 - 07/1995	**Berufsausbildung bei Musterunternehmen, Musterheim** • Abschluss: Bürokauffrau
09/1987 - 08/1993	**Musterholtz-Realschule, Musterheim** • Abschluss: Mittlere Reife

Fort- und Weiterbildungen

• VHS-Englischkurse (zurzeit Level XY, 2000 bis heute)
• ECDL (Europäischer Computerführerschein), Akademie (2010)
• Qualifizierung zur Finanzassistentin bei ABC AG (2008)
• Business-Englisch an der Musterschule Musterstadt (2001)
• 123-Zertifikat am Musterinstitut (1999)

Sonstige Fähigkeiten

• MS Office und SAP R/3
• Verhandlungssicheres Englisch in Wort und Schrift
• Französisch, Grundkenntnisse
• Führerschein Klasse B

Monat JJJJ   *Sabine Mustermann*

Vorher – nachher: Zum Vergleich sehen Sie rechts noch einmal die Ausgangssituation – das Eingangsbeispiel in der unbearbeiteten Fassung.

Lebenslauf

Name:	Sabine Mustermann
Adresse:	Weg 1, 10000 Musterau
	Telefon: 030/12345
	Mobil: 0123/1234567
	E-Mail: muster@mail.de
Geburtsdaten:	TT. Monat JJJJ in Musterheim
Familienstand:	ledig

Beruflicher Werdegang

Seit 01.06.10	**Assistentin der Geschäftsleitung bei Muster AG, Musterstadt**
03/98 - 12/09	**Vertriebsassistentin bei Musterpharma GmbH, Musterberg**
08/95 - 02/98	**Bürokauffrau bei Musterfima, Musterheim**

Schule und Berufsausbildung

1993 - 1995	**Berufsausbildung zur Bürokauffrau bei Musterunternehmen, Musterheim**
1987 - 1993	**Musterholtz-Realschule mit Abschluss, Musterheim**

Sonstige Fähigkeiten und Kompetenzen

- Gute PC-Kenntnisse
- Verhandlungssicheres Englisch in Wort und Schrift
- Französisch, Grundkenntnisse
- Führerschein Klasse B

TT.MM.JJJJ   *Sabine Mustermann*

Erinnern Sie sich bitte meiner Eingangsworte zu den Themen Werthal-tigkeit, Bearbeitungsfähigkeit und Werbewirksamkeit. Abgesehen von

der optischen Wirkung (beeindruckt meist nur unerfahrene Personalbeauftragte), erkennen Sie sicher einen deutlichen Unterschied – insbesondere bei der Aussagekraft! Welche Variante vermittelt dem Leser mehr
berufliche Kenntnisse und Fähigkeiten und wirkt zudem zeitgemäßer?
Diese Frage ist sicher leicht zu beantworten.

3.12 Musterbeispiele

Es gibt noch unzählige Möglichkeiten, tabellarische Lebensläufe zu
strukturieren und zu gestalten, deshalb zeige ich Ihnen nun weitere Beispiele.

Darüber hinaus veröffentliche ich weitere Varianten auch unter fol-
gender Internetadresse:

www.Bewerbungs-Center.com

Dort stehen Ihnen digitale Versionen kostenfrei zum Download zur
Verfügung. In regelmäßigen Abständen wechseln diese Vorlagen.

Ich rate Ihnen jedoch dringend davon ab, Musterbeispiele eins zu
eins zu übernehmen. Natürlich wäre dies ein bequemer Weg. Bedenken
Sie jedoch, dass auch andere dieses Buch lesen bzw. meine Homepage
besuchen. Machen Sie sich bitte die Mühe, individuelle Bewerbungsunterlagen zu erstellen. Kein Jobsuchender hat identische Kenntnisse und
Fähigkeiten. Auch Sie werden durch die Profilanalyse Ergebnisse erhalten, die einzigartig sind. Denken Sie immer an Ihre Mitbewerber. Nutzen Sie diese Chance, Unterlagen zu erstellen, die sich insbesondere
inhaltlich von anderen abheben.

Auf den folgenden Seiten sehen Sie jetzt viele unterschiedliche Inhalte, Ideen, Gliederungen und Layouts. Lassen Sie sich inspirieren und
erstellen Sie dann Ihre eigenen Bewerbungsunterlagen nach individuellen
Gegebenheiten.

Suna Musterfrau   Musterparkstraße 23   90000 Musterstadt   Mobil: 0123 456789012

Lebenslauf

Name: Suna Musterfrau
Geburtsdaten: TT. Monat JJJJ
Geburtsort: Örnekkent
Familienstand: ledig
Staatsangehörigkeit: türkisch

Beruflicher Werdegang

12.2009 - aktuell   **Filialleiterin bei Muster-Modehaus AG, Musterheim**
- Beratung und Verkauf von Damenoberbekleidung
- Zirka 400 qm Verkaufsfläche
- Personalverantwortung für zirka 25 Mitarbeiter
- Sortimentsauswahl und Flächenplanung
- Warenbeschaffung bei zirka 30 Lieferanten
- Messebesuche und Lieferantengespräche
- Regelmäßiges Übertreffen von Umsatzvorgaben

12.2008 - 11.2009   **Auszeit, Auslandsaufenthalte sowie arbeitssuchend**

02.1996 - 11.2008   **Stellvertretende Filialleiterin bei Muster GmbH, Musterfurt**
- Beratung und Verkauf von Damenoberbekleidung
- Verantwortung für eine Verkaufsfläche (zirka 300 qm)
- Personaleinsatzplanung für bis zu 13 Mitarbeiter
- Eigenverantwortliche Kassenabrechnung
- Teilweise selbstständige Preisfindung

03.1987 - 11.1995   **Modeberaterin bei Muster-House, Musterstadt**
- Beratung und Verkauf von Damenoberbekleidung

Schule & Berufsausbildung

09.1985 - 02.1987   **Berufsausbildung zur Verkäuferin bei Boutique, Musterheim**
- Ohne Abschluss

09.1980 - 07.1985   **Muster-Hauptschule in Musterheim**
- Hauptschulabschluss

Sonstige Kenntnisse & Fähigkeiten

- Englisch, Grundkenntnisse
- MS Word und MS Excel
- Hobby: Schneidern von Damenmode

Monat JJJJ   *Suna Musterfrau*

Sabine Mustermann
Musterfrau-Straße 100 • 82123 Musterstadt • (089) 12 34 56 78 • mustermann@email.de

Bewerbung

Sabine Mustermann

Geburtsdatum:	TT. Monat JJJJ
Geburtsort:	Musterstadt
Familienstand:	verheiratet
Staatsangehörigkeit:	deutsch

Inhalt:	Lebenslauf
	Erfahrungsprofil
	Zeugniskopien
	Zertifikate

Sabine Mustermann
Musterfrau-Straße 100 • 82123 Musterstadt • (089) 12 34 56 78 • mustermann@email.de

Lebenslauf

Berufstätigkeit

11/2008 - aktuell

Gruppenleiterin bei EDV & Metalltechnik GmbH in Musterau
• Betreuung von drei Großkunden in England und Frankreich
• Preisverhandlungen, Abwicklung von Kundenaufträgen
• Konzeption und Koordination von EDV-Projekten
• Leitung eines Teams von fünf Mitarbeitern

06/2002 - 10/2008 **Erziehungszeit, diverse Übersetzungsaufträge, Fortbildung**

07/1995 - 05/2002

Sachbearbeiterin bei Verpackungsfabrik KG in Musterdorf
• Erstellung von Angeboten, Anfragen und Bestellungen
• Korrespondenz und Übersetzungsarbeiten (Englisch/Französisch)

09/1986 - 04/1995

Assistentin der Geschäftsleitung bei Muster GmbH in Stadt
• Deutsche und englische Korrespondenz
• Allgemeine Assistenzaufgaben

08/1984 - 08/1986

Kaufmännische Angestellte bei Beispiel AG in Musterau
• Komplette Bandbreite üblicher Bürotätigkeiten

Fortbildungen

01/2010 - 02/2010

Fortbildung beim TÜV Rheinmuster in Musterburg
• Abschluss: Verantwortliche Fachkraft nach DIN 12 345
                für EDV-Dienstleistungen

10/2002 - 11/2002

Fortbildung bei VHS Musterdorf
• Sicherheitsproblematiken bei betrieblichen Abläufen
• Abschluss: Sicherheitsberaterin

Berufsausbildung und Schule

09/1981 - 07/1984

Berufsausbildung bei Beispiel AG in Musterau
• Abschluss: Fremdsprachensekretärin
• Sprachen: Englisch und Französisch

07/1981 - 08/1981

Vorpraktikum bei Beispiel AG in Musterau
• Allgemeine Büroabläufe

09/1979 - 07/1981

Werner-von-Muster-Schule in Musterau
• Abschluss: Fachhochschulreife

09/1973 - 07/1979

Hartmann-Muster-Realschule in Musterau
• Abschluss: Mittlere Reife

Monat JJJJ   *Sabine Mustermann*

Dieter L. Schmich

Sabine Musterfrau
Muster-Straße 100 • 10000 Stadt • Telefon: 0 62 02 / 12 34 56
E-Mail: muster@email.de

Bewerbung

Sabine Musterfrau

geb. in Musterstadt
am TT.MM.JJJJ
verheiratet
zwei Kinder
deutsch

Tabellarischer Lebenslauf
Zeugniskopien
Zertifikate

Lebenslauf

Berufspraxis

01/2013 - dato	**Bewerbungsphase**
05/2006 - 12/2012	**Beraterin für Inneneinrichtungen bei Muster AG in Musterstadt** • Auftragsabwicklung von Büroraumkonzepten • Reklamationsmanagement • Vorbereitende Buchhaltungstätigkeiten • Angebotserstellung • Lieferanten-, Kunden- sowie Architektengespräche • Konzeption/Durchführung von Möbelpräsentationen • Komplette Bandbreite üblicher Büroarbeiten
11/1996 - 02/2006	**Verkaufsberaterin bei Beispielküchen GmbH in Musterberg** • Beratung und Verkauf von Kücheneinrichtungen • Warenpräsentation • Schaufensterdekoration • Warenbestellung und -prüfung • Rechnungskontrolle
10/1990 - 10/1996	**Einrichtungsberaterin bei Möbel Muster OHG in Musterheim** • Alleinverantwortung für 400 qm Verkaufsfläche
01/1998 - 09/1990	**Erziehungszeit**
09/1978 - 12/1997	**Sachbearbeiterin bei Muster KG in Musterstadt**

Schule und Berufsausbildung

09/1976 - 09/1978	**Berufsausbildung bei Muster Haus KG in Mannheim** • Abschluss: Kauffrau im Groß- und Außenhandel
09/1975 - 07/1976	**Kaufmännische Berufsfachschule in Musterheim** • Abschluss: Mittlere Reife
08/1969 - 07/1975	**Hauptschule Musterheim** • Hauptschulabschluss

Sonstige Kenntnisse und Fähigkeiten

• Englisch, einfache Grundkenntnisse
• MS Windows XP, MS Office
• XYZ-Warenwirtschaftssystem
• Führerschein, Klasse B

Monat JJJJ   *Sabine Musterfrau*

Dieter L. Schmich

Jürgen Mustermann
Schweizer Str. 10 6123 Mustel Telefon: 01 23 / 1 23 45 Mobil: 01 23 / 12 34 56 E-Mail: Muster@mail.ch

Lebenslauf

Name:	**Jürgen Mustermann**
Geburtsdatum:	**TT. Monat JJJJ**
Geburtsort:	**Musterau**
Familienstand:	**Ledig**
Staatsangehörigkeit:	**Schweizer**

Berufspraxis

01/2013 - heute	**Bewerbungsphase**
02/2009 - 12/2012	**Niederlassungsleiter bei ABC GmbH in Mustel**

- Aufbau und Etablierung einer „Niederlassung Süd"
- Verkauf von ABC Telekommunikationsdienstleistungen
- Alleinige Akquisition aller Key Accounts
- Direkte Leitung eines Führungsteams von drei Teamleitern
- Umsatzvorgaben regelmäßig erreicht oder übertroffen
- Zusammenarbeit und Reporting direkt an die Geschäftsleitung

04/2007 - 12/2008   **Senior Sales Consulting bei 123 AS in Musterstadt, Dänemark**
- Key Accounting aller dänischen und deutschen Geschäftskunden für die Schweiz
- Verantwortlich für die Bereiche Carrier, Produkte und Logistik
- Konzeption des gesamten lokalen Pricings und Marketings
- Verkauf von IP-basierenden Telekommunikationsdienstleistungen
- Leitung eines Teams von fünf Mitarbeitern

08/2005 - 03/2007   **Senior Key Account Manager bei Mustertelefon GmbH in Musteringen**
- Verkauf aller IP-basierenden Kommunikationslösungen wie VoIP, VPN-MPLS und Housing an nationale und internationale Geschäftskunden
- Konzeptentwicklung und Bearbeitung übergreifender Services für Key Account Kunden
- Umsatzsteigerung für den Bereich Bestandskunden

09/2001 - 06/2005   **Account Director, Europe Wholesale bei EuropeCom GmbH in Musterau**
- Verkauf aller Telekommunikationsprodukte wie Daten, Sprache, Videokonferenzen und Internet an die Deutsche Muster und Musterfone in Deutschland und deren Niederlassungen im europäischen Ausland
- Vertriebsregion: Deutschland, Schweiz und Österreich

07/2000 - 08/2001	**Arbeitssuchend**
06/1997 - 06/2000	**Vertriebsbeauftragter bei Digital Muster AG in Musterdorf** ▪ Direkter Verkauf des Produktportfolios von 123direct an Großkunden ▪ Projektleitung für alle Aufträge zur Gewährleistung der Liefertermine und der Stückzahlen in Zusammenarbeit mit allen involvierten Fachabteilungen in Holland ▪ Bereitstellung technischer Unterstützung für den Bereich Marketing und Vertrieb in Hinsicht auf Verkaufskampagnen
01/1983 - 04/1997	**EDV-Mitarbeiter bei Muster-Verlag GmbH, Musterheim** ▪ Implementierung und Betreuung eines neuen EDV-Systems

Berufsausbildung und Schule

09/1982 - 01/1983	**Fortbildung am Muster-Institut in Musterburg, Deutschland** ▪ Abschluss: Zertifizierter Projektmanager nach den internationalen Richtlinien der EFM/GFH Hamburg (Gesellschaft für Mustermanagement e.V. & Europe Project Management Association)
10/1979 - 04/1982	**Berufsausbildung bei Musterwerk in Musrich** ▪ Abschluss: Bürokaufmann
09/1970 - 05/1979	**Muster-Gymnasium, Musrich** ▪ Abschluss: Fachhochschulreife

Sonstige Kenntnisse und Kompetenzen

▪ Englisch, verhandlungssicher
▪ Italienisch- und Französischkenntnisse in Wort und Schrift
▪ Gut vernetzt: Europaweit, insbesondere in Deutschland
▪ Führerschein, PKW
▪ Hobby: Social Media Marketing und Erstellung von Internetpräsenzen
▪ Ehrenamtliche Tätigkeit als Unternehmensberater für Existenzgründer

Monat JJJJ　　　　　*Jürgen Mustermann*

Dieter L. Schmich

Bewerbung

als
Sachbearbeiterin des Qualitätsmanagements

Sabine Mustermann

geb. am TT. Monat JJJJ
in Musterstadt
verheiratet, 1 Kind
deutsch

Sabine Mustermann, Muster-Straße 1, 68000 Musterstadt, 0 62 02 1 23 45 67, musterfrau@email.de

Lebenslauf

Berufstätigkeit

01/2012 - aktuell	**Vertriebsmitarbeiterin bei Marketing GmbH in Stadt**
09/2005 - 11/2011	**Sachbearbeiterin bei Pharma GmbH in Musterdorf**

- Abwicklung und Konzeption des Qualitätsmanagements
- Erstellung und Bearbeitung der Korrespondenz
- Versand von Waren per Spedition und Paketdienste
- Ansprechpartnerin für alle Produktlinien
- Erstellung von Präsentationen
- Termin- und Reisemanagement

07/2004 - 08/2005	**Familienpause**
11/1998 - 06/2004	**Sachbearbeiterin bei Billig AG in Sanddorf**

- Auftragserfassung, Rechnungserstellung
- Kontrolle von Eingangsrechnungen
- Erstellung und Bearbeitung der Korrespondenz
- Anfertigung von Statistiken und Tabellen mit MS Excel

04/1997 - 10/1998	**Servicemitarbeiterin bei A&B GmbH in Musterdorf**

- Ansprechpartnerin der Reiseinformation
- Planung und Ausgabe von Gruppen- und Firmenfahrkarten

09/1996 - 03/1997	**Fahrkartenverkäuferin bei Muster AG in Musterdorf**

Fortbildungen

09/2004 - 11/2004	**Business Englisch bei der Dr. Seminare GmbH in Schwetzdorf**

- Abschluss: Zertifikat „Bermuster Sprachdienste"

12/1994 - 01/1995	**Betriebsinterne Fortbildung für Fach-Englisch bei der Muster-Bahn AG in Musterruhe**

- Abschluss: Zertifikat „Muster-Bahn-Englisch"

Schule und Berufsausbildung

09/1994 - 07/1996	**Ausbildung bei der Muster-Bahn AG in Musterau**

- Abschluss: Kauffrau im Eisenbahn- und Straßenverkehr

09/1992 - 07/1994	**Friedrich-Gymnasium in Musterruhe**

- Abschluss: Fachhochschulreife

09/1985 - 07/1992	**Internationale Gesamtschule in Musterberg**

- Abschluss: Mittlere Reife

Monat JJJJ   *Sabine Mustermann*

Sabine Mustermann, Muster-Straße 1, 68000 Musterstadt, 0 62 02 1 23 45 67, musterfrau@email.de

Karin Mustermann
Musterwörthstr. 123, 20000 Musterstadt, Mobil: 0123 4567890, E-Mail: mustermail@mail.de

Lebenslauf

Persönliche Daten

Name:	**Karin Mustermann**
Geburtsdatum/-ort:	**TT. Monat JJJJ, Musterstadt**
Familienstand:	**verheiratet**
Nationalität:	**deutsch**

Beruflicher Werdegang

06.2012 - aktuell	**Mitarbeiterin der Verwaltung bei Muster-Pflegedienst in Musterheim** - Abrechnung mit Kunden und Krankenkassen - Aktualisieren der Kundenakten und Pflegedokumentationen - Führen der Personalakten - Kontakt zu Ärzten, Krankenkassen und Kooperationspartnern - Büroorganisation und Korrespondenz - Beratung/Betreuung von Kunden (telefonisch und ambulant)
09.2010 - 04.2012	**Assistentin bei Seniorenservice GmbH, Wohnanlage Musterau** - Eigenverantwortliche Bearbeitung aller administrativen Abläufe - Beratung und Betreuung der Bewohner in Alltagsfragen - Kostenabrechnungen mit Krankenkassen sowie Bewohnern
03.2010 - 08.2010	**Verwaltungsangestellte bei Pro Muster Residenz in Musterheim** - Komplette Bandbreite aller üblichen Bürotätigkeiten
02.1996 - 02.2010	**Familien- und Fortbildungsphase (siehe unten)**
07.1985 - 12.1995	**Praxishelferin bei Kieferorthopäde Dr. Karl Muster in Musterheim**

Schule und Berufsausbildung

10.2008 - 10.2009	**Fortbildung an der Muster-Akademie in Musterberg** - Abschluss: Verwaltungsassistentin im medizinischen und pflegerischen Bereich
09.1982 - 06.1985	**Berufsausbildung bei Muster OHG in Musterberg** - Abschluss: Industriekauffrau
09.1976 - 07.1982	**Realschule Musterhausen** - Abschluss: Mittlere Reife

Sonstige Kenntnisse und Fähigkeiten

- Englisch-Grundkenntnisse
- MS Office, MS Windows, Internet
- Führerschein, Klasse B

Monat JJJJ   *Karin Mustermann*

3.13 Fazit

Sie haben erkannt, dass ein hochwertiger Lebenslauf erst dann entstehen kann, wenn viele Mosaiksteinchen von zu erfüllenden Anforderungen zugleich beachtet werden. Dennoch sollten Sie nicht vergessen, dass dabei der fachliche Inhalt mit Abstand am schwersten wiegt. Infolgedessen sollten Sie sich in der Hauptsache auf die Beschreibung Ihrer beruflichen Kenntnisse und Fähigkeiten konzentrieren. Es ist wichtig, dass bereits im Lebenslauf der Nutzen für Unternehmen, also Ihre Gegenleistung für das gewünschte Gehalt, eindeutig erkennbar ist.

> **Allein die Tatsache, Ihr berufliches Profil schon in Ihrem tabellarischen Lebenslauf dokumentiert zu haben, garantiert, über Spitzenunterlagen zu verfügen.**

Zudem müssen Ihre wichtigsten Praxiskenntnisse und Berufsausbildungen in wenigen Sekunden für das Auge erfassbar sein. Wenn Sie mit allem fertig sind, sollten Sie deshalb einen kleinen Test durchführen: Zeigen Sie Ihren tabellarischen Lebenslauf anderen Personen jeweils nur dreißig Sekunden lang. Danach befragen Sie sie, über welche Berufserfahrungen und Abschlüsse Sie verfügen. Kommen keine Gegenfragen und zudem richtige Antworten, haben Sie zumindest in Sachen Bearbeitungsfähigkeit hervorragende Arbeit geleistet.

Eine Zusammenfassung aller meiner erläuterten Empfehlungen für tabellarische Lebensläufe finden Sie im Übrigen im Anhang dieses Buchs. Dort gebe ich Ihnen eine Checkliste an die Hand, mithilfe derer Sie Ihren fertiggestellten tabellarischen Lebenslauf Punkt für Punkt noch einmal kontrollieren können.

Gehen wir nun weiter zu einer zusätzlichen Option, mithilfe derer Sie Ihr berufliches Können noch professioneller einem Leser präsentieren können. Dazu mehr im nächsten Kapitel.

4 Erfahrungsprofil

Es gibt berufliche Profile, die zu umfangreich oder zu komplex sind, um diese im Lebenslauf mit maximal fünf bis zehn Zeilen je beruflicher Station noch unterbringen zu können. In diesen Fällen kann dem tabellarischen Lebenslauf ein weiteres Instrument zum Selbstmarketing angehängt werden – das Erfahrungsprofil.

Komprimierter können Sie Ihre Vorteile für ein Unternehmen nicht dokumentieren.

Besonders bei Bewerbern mit langjährigen und sehr breiten Berufserfahrungen, bei technisch anspruchsvollen oder erklärungsbedürftigen Kenntnissen bietet sich diese außergewöhnlich repräsentative Option an. Dadurch wird erreicht, dass man seinen Nutzen für ein Unternehmen noch gehaltvoller, aber dennoch weiterhin übersichtlich aufzeigen kann.

Die Voraussetzungen, um ein Erfahrungsprofil zu erstellen, haben Sie bereits erfüllt! Die Ergebnisse der Selbstanalyse sind wieder die dazugehörige Stoffsammlung. Ich hatte Ihnen empfohlen, im Lebenslauf bei der Nennung Ihrer wichtigsten Arbeitsstellen einige Unterpunkte hinzuzufügen, um Ihre beruflichen Qualifikationen zu betonen. Jetzt können Sie die Anzahl dieser Zusatzinformationen deutlich reduzieren. Im Lebenslauf selbst werden nur noch ein paar wenige Worte zu den Kernkompetenzen verloren. Falls es zu Wiederholungen kommt, ist das nicht weiter tragisch. Sie unterstreichen lediglich, wann Sie bei welchen Arbeitgebern die entsprechenden Erfahrungen erworben haben.

Um Ihnen den Nutzen eines separaten Erfahrungsprofils zu ver-

Dieter L. Schmich

deutlichen, wenden wir uns einem neuen Beispiel zu. Wir starten wieder damit, zunächst einen nicht optimierten Lebenslauf zu betrachten. Die berufliche Laufbahn einer kaufmännischen Führungspersönlichkeit:

Lebenslauf

Name:	Hans Mustermann
	Im Muster 10
	80118 München
Geburtsdatum:	TT. Monat JJJJ
Geburtsort:	Musterberg
Familienstand:	ledig
Staatsangehörigkeit:	deutsch

Berufliche Tätigkeiten

01.07.09 - dato   Leiter Rechnungswesen und Controlling, Muster AG Musterstadt

01.02.03 - 31.12.08 Kaufmännischer Abteilungsleiter, XYZ Systeme GmbH, Musterheim

15.07.95 - 31.12.02 Leiter Controlling, Musterfirma GmbH, Musterberg

01.08.82 - 30.06.95 Sachbearbeiter im Rechnungswesen bei Muster XYZ AG, Musterau

Studium, Berufsausbildung und Schule

04/1989 - 10/1994 Studium zum Diplom-Betriebswirt an der Hochschule Musterburg

10/1990 - 09/1991 Weiterbildung zum Bilanzbuchhalter an der Abendakademie Musterberg

09/1979 - 07/1982 Berufsausbildung zum Industriekaufmann bei ABC OHG Musterburg

1970 - 1979   Muster-Gymnasium Musterheim

1966 - 1970   Grundschule Musterheim

Sonstige Kenntnisse & Kompetenzen

• Gute PC-Kenntnisse
• Sehr gute Englischkenntnisse

TT. Monat JJJJ   *Hans Mustermann*

Nachdem die Ergebnisse der Profilanalyse vorlagen und mithilfe der Checkliste im Anhang alle Punkte zur Optimierung von Lebensläufen abgearbeitet wurden, entstand folgende, erste Variante:

Hans Mustermann
Im Muster 10 • 80118 München • 089 123456 • 0160 12345678 • muster@gmx.de

Lebenslauf

Name:	**Hans Mustermann**
Geburtsdatum:	**TT. Monat JJJJ**
Geburtsort:	**Musterberg**
Familienstand:	**ledig**
Staatsangehörigkeit:	**deutsch**

Berufliche Tätigkeiten

07/2009 - dato   **Leiter Rechnungswesen und Controlling, Muster AG Musterstadt**
- Verantwortung und Leitung von zwei Abteilungen
- Rechnungslegung und Abschluss nach US-GAAP, IAS und HGB
- Konzernreporting und langfristige Planungsrechnung
- Steuerung der Kostenreduzierungsmaßnahmen
- Implementierung eines Kontrollsystems gem. ISO 9000ff
- Prozessoptimierung (z.B. Standardkostenrechnung)

01/2009 - 06/2009   **Fortbildungen, Sprachreisen sowie arbeitssuchend**

02/2003 - 12/2008   **Kaufmännischer Abteilungsleiter, XYZ Systeme GmbH, Musterheim**
- Prokura
- Businessplanung: Verdoppelung der Produktionskapazität
- Alleinverantwortung für Bankkontakte und Fördermittel
- Einführung und Integration der Software ABC als Projektleiter

07/1995 - 12/2002   **Leiter Controlling, Musterfirma GmbH, Musterberg**
- Controlling für Produktion, Vertrieb, Entwicklung und Montage
- Mitarbeit bei der europäischen Konsolidierung

08/1982 - 06/1995   **Sachbearbeiter im Rechnungswesen bei Muster XYZ AG, Musterau**

Studium, Berufsausbildung und Schule

04/1989 - 10/1994   **Nebenberufliches Fernstudium an der Hochschule Musterburg**
- Abschluss: Diplom-Betriebswirt (FH)
- Gesamtnote: 1,8

10/1990 - 09/1991   **Nebenberufliche Weiterbildung, Abendakademie Musterberg**
- Abschluss: Bilanzbuchhalter

09/1979 - 07/1982   **Berufsausbildung bei ABC OHG Musterburg**
- Abschluss: Industriekaufmann

09/1970 - 07/1979   **Muster-Gymnasium Musterheim**
- Abschluss: Abitur

Sonstige Kenntnisse & Kompetenzen

- Mitarbeit in konzerninternen Gremien (z.B. zu Themen Controlling, Steuern)
- Verhandlungssicheres Englisch in Wort und Schrift
- Einführung der Software ABC („SAP" für den Mittelstand) als Projektleiter
- SAP R/3, ABC, Musterion, MS Office

Monat JJJJ   *Hans Mustermann*

Neben dem Einfügen der Unterpunkte mit den jeweiligen Berufserfahrungen und Einsatzbereichen sowie einer grafischen Optimierung wurde Folgendes optimiert:

1. **Alle Abschlüsse deutlich hervorgehoben.**

2. **Kopfzeile eingefügt sowie Telefonnummern und E-Mail-Adresse angegeben.**

3. **Lücke der Arbeitslosigkeit (2009) geschlossen und kommentiert.**

4. **Sonstige „Kenntnisse & Kompetenzen" konkretisiert.**

5. **Zeitangaben vereinheitlicht und auf Monats- und Jahresangaben (vierstellig) reduziert sowie Grundschule entfernt.**

6. **Nebenberufliche Fortbildungen als solche deklariert und scheinbarer Widerspruch der Berufstätigkeit mit der zeitgleichen Studienzeit aufgelöst.**

Sie werden selbst feststellen, dass der Lebenslauf etwas zu überladen wirkt. Dies wäre jedoch gerade noch akzeptabel. Allerdings stellte sich schon bei der Profilanalyse heraus, dass der Bewerber über sehr erklärungsbedürftige und umfangreiche Erfahrungen verfügt. Aus Gründen der Übersichtlichkeit konnten zwei Drittel dieser beruflichen Vorzüge im Lebenslauf nicht mehr aufgelistet werden.

Als weitere Alternative wurde ein Deckblatt in Betracht gezogen. Der so entstandene zusätzliche Raum im eigentlichen Lebenslauf war trotzdem nicht ausreichend. Infolgedessen war eine zweite Seite notwendig. Dies ist bei sehr erfahrenen Kandidaten durchaus üblich. Wir stellten jedoch fest, dass wir allein für die aktuelle Anstellung mindestens zehn bis fünfzehn Unterpunkte benötigen würden, um wirklich alle beruflichen Vorteile für Arbeitgeber dokumentieren zu können. Dies wäre dann doch des Guten zu viel gewesen.

Es war also ein Erfahrungsprofil vonnöten. Zunächst wurde der Lebenslauf auf das Wesentliche reduziert. Gleichzeitig wurde das Studium durch einen separaten Gliederungspunkt hervorgehoben. Der Punkt „Sonstige Kenntnisse & Kompetenzen" konnte entfernt werden, um diesen dann im folgenden Erfahrungsprofil aufzuführen.

Lebenslauf

Name:	**Hans Mustermann**
Geburtsdatum:	**TT. Monat JJJJ**
Geburtsort:	**Musterberg**
Familienstand:	**ledig**
Staatsangehörigkeit:	**deutsch**

Berufliche Tätigkeiten

07/2009 - dato   **Leiter Rechnungswesen und Controlling, Muster AG Musterstadt**
- Alleinverantwortung für zwei Abteilungen
- Konzernreporting und langfristige Planungsrechnung
- Steuerung der Kostenreduzierungsmaßnahmen
- Implementierung eines Kontrollsystems gem. ISO 9000ff
- Prozessoptimierung (z.b. Standardkostenrechnung)

01/2009 - 06/2009   **Fortbildungen, Sprachreisen sowie arbeitssuchend**

02/2003 - 12/2008   **Kaufmännischer Abteilungsleiter, XYZ Systeme GmbH, Musterheim**
- Prokura
- Businessplanung: Verdoppelung der Produktionskapazität

07/1995 - 12/2002   **Leiter Controlling, Musterfirma GmbH, Musterberg**
- Controlling für Produktion, Vertrieb, Entwicklung und Montage

08/1982 - 06/1995   **Sachbearbeiter im Rechnungswesen bei Muster XYZ AG, Musterau**

Studium

04/1989 - 10/1994   **Nebenberufliches Fernstudium an der Hochschule Musterburg**
- Abschluss: Diplom-Betriebswirt (FH)
- Gesamtnote: 1,8

Schule und Berufsausbildung

10/1990 - 09/1991   **Nebenberufliche Weiterbildung, Abendakademie Musterberg**
- Abschluss: Bilanzbuchhalter

09/1979 - 07/1982   **Berufsausbildung bei ABC OHG Musterburg**
- Abschluss: Industriekaufmann

09/1970 - 07/1979   **Muster-Gymnasium Musterheim**
- Abschluss: Abitur

Monat JJJJ   *Hans Mustermann*

1

Hans Mustermann

Im Muster 10 • 80118 München • 089 123456 • 0160 12345678 • muster@gmx.de

Erfahrungsprofil

Kontinuierliche Ergebnisverbesserung

- Unterstützung des operativen Geschäftes, z.b. innerhalb des Managementteams
- Verbesserung der Ergebnis- und Kostentransparenz (Projektkalkulationen etc.)
- Aktionsorientiertes Controlling (z.b. Reduzierung der Kapitalbindung durch laufende Optimierung des Working Capital)
- Planung und Steuerung der Kostenreduzierungsmaßnahmen
- Festlegen der Argumentationsstrategie für Kundenpreiserhöhungen
- Vertretung des Werkleiters

Entscheidungsunterstützung für die Geschäftsleitung

- Mitarbeit beim Aufbau neuer Geschäftsfelder, z.b. durch mitlaufende Preis- und Kostenanalysen
- Ausarbeitung aussagekräftiger Kosten- und Preismodelle
- Verbesserung der Kostentransparenz (z.b. durch Einführung neuer Personalkostenarten, bessere Analyse der direkt beeinflussbaren Kosten der Produktion
- Aufbau einer separaten Ergebnisrechnung des Geschäftsbereiches Außenmontage mit 280 Mitarbeitern und Unterstützung bei der Ausgliederung in eine separate GmbH
- Mitarbeit bei Gründung und Aufbau von zwei neuen Gesellschaften (Kühl- und Reinräume, Industrietore)

Businessplanung

- Steuerung des jährlichen mittelfristigen Planungsprozesses
- Präsentation des Businessplans vor dem Holding-Präsidenten in England
- Erstellen und Beurteilen langfristiger Businesspläne für wichtige Kundenprojekte inkl. der Ausarbeitung von wirtschaftlichen Optimierungsmöglichkeiten (z.b. modulare Investitionen, Umbau bestehender Anlagen)
- Strategische Businessplanung und Finanzierung zur Unterstützung des starken Wachstums (Verdoppelung der Produktionskapazität und Steigerung des Marktanteils für Musterprodukte in Europa auf 30%)

Reporting

- Konzernreporting nach US-GAAP, UK-GAAP und IAS
- Monatliches Reporting (Actual, Forecast, Budget)
- Erläuterung von Ergebnissen und Maßnahmen im monatlichen „Earnings Call"
- Aufbau eines internen Reportingsystems zur Steuerung der Hauptaktionen
- Mitarbeit bei der Konsolidierung der europäischen Muster ABCD Gruppe
- Reporting innerhalb einer Joint Venture Struktur

Hans Mustermann
Im Muster 10 • 80118 München • 089 123456 • 0160 12345678 • muster@gmx.de

Controlling

- Einführung einer verbesserten Produktgruppenergebnisrechnung
- Internationale Zusammenarbeit zu Fachthemen (z.B. Vergleich unterschiedlicher Kalkulationsmodelle für Kundenangebote)
- Make-or-Buy Analysen
- Benchmarking
- Kostenüberwachung bei Produktanlauf und -auslauf
- Controlling für die Bereiche Entwicklung (120 Mitarbeiter) und Montagedienstleistungen (480 Mitarbeiter)
- Federführung bei der Projektierung und Einführung der Prozesskostenrechnung
- Monatliche Soll/Plan/Ist-Abweichungsanalyse der Fertigungsaufträge
- Mithilfe beim Übergang vom Serienfertiger zum Systemgeschäft

Jahresabschluss und Bilanzen

- Rechnungslegung und Abschluss nach US-GAAP, IAS und HGB
- Ansprechpartner für Wirtschaftsprüfer und Betriebsprüfer
- Implementieren eines Kontrollsystems nach dem „Muster 123 Act" (XYZ)
- Koordination der vierteljährlichen bzw. jährlichen Kontrollhandlungen nach XYZ
- Teilnahme am „Balance Sheet Review"
- Überwachung der Altersstruktur der Forderungen inkl. Einleiten von Maßnahmen

Finanzierung und Steuern

- Konzeption der Unternehmensfinanzierung
- Aufbau und Pflege von Bankkontakten
- Verhandlung und Abrechnung von Landesfördermitteln
- Beantragung und Abrechnung von Investitionszulagen
- Zusammenarbeit mit dem Steuerberater

Versicherungen

- Verhandlungen im Rahmen der Schadensanerkennung und -abwicklung (z.B. Produkthaftpflicht- und Betriebsunterbrechungsversicherung)
- Verhandlung über den Wechsel des Warenkreditversicherers, Einhaltung der Obliegenheitspflichten, Klärung von Schadensfällen
- Zusammenarbeit mit Versicherungsmaklern

Sonstige Projektarbeit

- Mitarbeit bei Verhandlungen über Tariföffnung und Standortsicherung
- Mitwirkung bei Standortanalysen in Südamerika
- Implementierung eines Kontrollsystems gem. ISO 9000ff

Hans Mustermann

Im Muster 10 • 80118 München • 089 123456 • 0160 12345678 • muster@gmx.de

Prozessoptimierung und IT-Kenntnisse

- Einführung der neuen Berichtssoftware Musterion bzw. ABC
- Optimierung der Abläufe mit SAP (z.b. elektronischer Workflow für Bestellanforderungen, Verbesserung Skonti-Zahlungen)
- Einführung und Integration der Software ABC („SAP" für den Mittelstand) als Projektleiter
- SAP R/3, ABC, Musterion, MS Office

Personalverantwortung

- Leitung von Personalabrechnung und -verwaltung (inkl. Outsourcing der Personalabrechnung, tarifliche Altersversorgung, Altersteilzeit, Mitarbeiterbeurteilung)
- Leitung des Rechnungswesens und der Controllingabteilung
- Direkte Mitarbeiterverantwortung: bis zu 35 Mitarbeiter

Branchenspezifische Erfahrung

- Automobilzulieferindustrie: Umsatz € 60 Mio., Mitarbeiter 410
- Bauzulieferindustrie: Umsatz € 45 Mio., Mitarbeiter 220
- Automatisierungstechnik: Umsatz € 350 Mio., Mitarbeiter 940
- Telekommunikation: Mitarbeiter 800

Persönliche Eigenschaften

- Hohe funktionale/fachliche Fertigkeiten
- Unternehmerisches Denken
- Strategische Agilität
- Hohe Ergebnisorientierung
- Wachstumsorientiertes Lernen und Denken
- Gute Auffassungsgabe
- Aufbau effektiver Teams
- Analytische Herangehensweise
- Ausgeprägte Loyalität
- Kooperativer Führungsstil
- Hohe Belastbarkeit, auch in komplexen und schwierigen Situationen

Sonstige Kenntnisse & Kompetenzen

- Mitarbeit in konzerninternen Gremien (z.b. Qualitätsmanagement, Rationalisierungsmaßnahmen und Steuern)
- Verhandlungssicheres Englisch in Wort und Schrift
- Führerschein Klasse B

4

Hans Mustermann ist sicher ein ungewöhnlich umfangreiches Beispiel. Ich habe dieses Extrem gewählt, damit deutlich wird, dass selbst sehr erklärungsbedürftige und außerordentlich viele Praxiskenntnisse mithilfe eines Erfahrungsprofils vollständig, aber dennoch übersichtlich und schnell überschaubar dokumentiert werden können. Diese tabellarische und nach Themenbereichen strukturierte Darstellung eines beruflichen Profils ist exakt das, wonach Arbeitgeber suchen. Dies ist die Liste, die Ihre Arbeitskraft eindrucksvoll beschreibt und für den Betrachter wertvoll macht.

Durch ein Erfahrungsprofil kann der gesamte, werthaltige Nutzen für Arbeitgeber optimal dargestellt werden.

Durch die Gliederung nach Fachbereichen kann sich ein Arbeitgeber blitzschnell diejenigen Einsatzbereiche herauspicken, für die er sich letztendlich interessiert.

4.1 Gliederung

Die einzige Herausforderung ist, sich auf die jeweiligen Überschriften für die Gliederungspunkte festzulegen. Das Ganze ist natürlich von Ihrem spezifischen beruflichen Werdegang sowie von Ihrem Berufswunsch abhängig. Folgende Überschriften bieten sich z.B. an:

Büroarbeiten/Sachbearbeitung

Auftragsabwicklung/Vertriebsinnendienst

Buchhaltung/Rechnungswesen

Kundenkontakt/Kundenberatung/Verkauf

Liquiditätskontrolle/Budgetverantwortung

Logistik/Lager

Marketing/Promotion

- Qualitätsmanagement/Reklamationsmanagement

- Redaktionelle Arbeiten/Texten/Lektorieren/Korrekturlesen

- Planung/Steuerung von Material, Produktion und Abläufen

- Marktbeobachtung/Marktforschung/PR/Öffentlichkeitsarbeit

- Durchführung Events/Veranstaltungen

- Schulungen/Präsentationen

- Statistik/Controlling

- Pädagogische/therapeutische Erfahrungen

- Sprachkenntnisse/Sprachreisen

- Personal-/Führungsverantwortung

- Fortbildungen/Zertifikate

- Projekte

- Juristische Aufgabenfelder

- Entwicklungen/Konstruktionen

- EDV/PC/Hardware/Software/Internet/Telekommunikation

- Handwerkliche Fähigkeiten/Materialerfahrungen

- Persönliche Eigenschaften/Stärken

Seien Sie kreativ: Sie können neue Gliederungsüberschriften kreieren, manches zusammenfassen oder einige weiter unterteilen.

4.2   Musterbeispiele

Nun sehen Sie weitere Inspirationen für Inhalte, Layouts und Gliederungsmöglichkeiten. Ich werde bei den ersten Beispielen noch die dazugehörigen Lebensläufe zeigen, danach verzichte ich darauf und stelle nur noch die Erfahrungsprofile vor. Damit haben Sie eine größere Auswahl.

Thomas Muster
Muster-Beispiel-Straße 100 68000 Musterdingen Telefon: (01234) 2 34 56 78 E-Mail: thomas.muster@mail.de

LEBENSLAUF

Name: Thomas Muster
Geburtsdatum: TT. Monat JJJJ
Geburtsort: Geburtsstadt
Familienstand: Verheiratet
Nationalität: Deutsch

BERUFLICHER WERDEGANG

04/2013 - heute   **Bewerbungsphase**

01/2000 - 03/2013   **Systemanalytiker bei Muster-Technik AG, Musterstadt**
- Consulting im Bereich Hardware und Software
- Support und Service für Soft- und Hardware von PC-Monitoren
- Details im Erfahrungsprofil

02/1995 - 11/1999   **Netzwerk-Administrator bei Musterland GmbH & Co. KG, Musterberg**
- Einrichtung, Betreuung und Wartung von PC-Netzwerken
- Details im Erfahrungsprofil

08/1988 - 12/1994   **Wissenschaftlicher Mitarbeiter am Muster-Institut, Musterheim**
- Mitarbeit am Projekt „XYZ"
- Details im Erfahrungsprofil

SCHULE UND BERUFSBILDUNG

01/1988 - 06/1988   **Weiterbildung an der Muster Akademie, Musterfurt**
- Abschluss: Organisationsprogrammierer (IHK)

10/1987 - 12/1987   **Lehrgang an der Muster Business School, Musterstadt**
- Zertifikat: Grundkenntnisse der Betriebswirtschaftslehre

11/1978 - 09/1987   **Studium an der Universität Carl-Mustermann, Musterdingen**
- Studiengang: Geologie
- Nebenfächer: Physik und numerische Mathematik
- Vordiplom: 1983, kein Abschluss

09/1968 - 07/1978   **Hans-von-Muster-Gymnasium, Musterfeld**
- Abschluss: Abitur

Monat JJJJ

Dieter L. Schmich

Thomas Muster

Muster-Beispiel-Straße 100 68000 Musterdingen Telefon: (01234) 2 34 56 78 E-Mail: thomas.muster@mail.de

ERFAHRUNGSPROFIL

PRÄSENTATIONEN UND KUNDENSCHULUNGEN

- Schulung eigener Vertriebsmitarbeiter
- Unterstützung bei Messeaktivitäten sowie Vorführungen auf der CeBIT
- Produktpräsentationen in internen Räumlichkeiten (bis zu 50 Teilnehmern)
- Versuchsaufbauten im Werk auf Kundenanforderung
- Schulung der Anwender vor Ort beim Kunden:
  - Booklets
  - Grafikkarten
  - Fiery Controller
  - SPOOL-Systeme
  - Option zur Jobsteuerung
  - WEB Browser basierende Tools

CONSULTING UND KUNDENBETREUUNG

- Direkter Ansprechpartner für Bestandskunden, auch Key Accounts
- Kundenkontakt vom Erstgespräch über Projektdokumentationen bis zum Vertragsabschluss
- Aufnahme von spezifischen IT-Kundenwünschen vor Ort
- Erarbeitung von IT-Lösungs- und Umsetzungsstrategien
- Begleitung von Geräteinstallationen bis zur betriebsbereiten Übergabe an das Personal des Kunden
- Koordination von Beratungsleistungen zwischen Vertrieb, Technik und Kunden
- Kundenbetreuungsmaßnahmen sowie allgemeiner Kundenservice
- Kunden-Hotline zur Klärung von Störmeldungen
- Reklamationsmanagement

IT-SUPPORT

- Support bezüglich Grafiksystemen sowie -karten
- Optische Aufbereitung von Grafikdaten mit Form Muster Language (FML)
- Erstellung von kundenspezifischen Anforderungsprofilen
- Administration von Netzwerken bis zu 500 PCs
- Leitung des Software-Supports zwischen Kunden und Mitarbeiter
- Qualitätssicherung von neuen Versionen durch eigene Testreihen
- Testaufbauten beim Kunden oder im eigenen Werk

BERUFLICHE FORT- UND WEITERBILDUNG

- Management Seminare der Firmen ABC GmbH, 123 AG und XYZ
- Muster-Technik AG-eigenes Lösungsgeschäft durch Intermuster-Akademie

Thomas Muster
Muster-Beispiel-Straße 100 68000 Musterdingen Telefon: (01234) 2 34 56 78 E-Mail: thomas.muster@mail.de

IT-KENNTNISSE

- Entwicklung von Programmierkonzepten für Großrechner und PCs
- Auswertung wissenschaftlicher Daten durch Listenausgabe und farbige Plots
- Programmierung für Real Time Anwendungen
- Entwicklung von seriellen Interfaces zwischen PCs und Großrechnern
- Modifizierung von Betriebssystemen (Software und Hardware)
- IBM Assembler
- Cobol
- Fortran
- PC Assembler
- BASIC
- DOS/VSE
- MS Office
- MS Windows bis 7

BETRIEBSWIRTSCHAFTLICHE KENNTNISSE

- Organisation und Abwicklung des Transports bzw. Versands von Hardware
- Unterstützung der kaufmännischen Abteilung bei Fragen zur Auftragserfassung
- Abwicklung internationaler Zollformalitäten
- Operative und strategische Überlegungen zu spezifischen IT-Lösungen aufgrund von Kundenwünschen

PROJEKTARBEIT (XYZ)

- Bereitstellung und Programmierung der benötigten Software zum Test und zur Kalibrierung des Experimentes 123ABC im Labor
- Test und Betrieb des MNO-Systems vor Ort, Übermittlung der Messdaten
- Bearbeitung und Auswertung der wissenschaftlichen Daten des Experimentes
- Projektsprache: Englisch, in geringem Umfang Spanisch
- Rekonstruktion von gestörten Daten nach einem Spannungsabfall
- Selbstorganisation von Reisen zu Testeinrichtungen
- Budgetverantwortung für die Reisen
- Abwicklung von außereuropäischen Zollformalitäten

SONSTIGE FÄHIGKEITEN UND KOMPETENZEN

- Führerschein Klasse B
- Fließendes Englisch in Wort und Schrift
- Gute Französisch-Kenntnisse
- Spanisch, einfache Grundkenntnisse
- Erfahrungen und Sachkenntnisse im internationalen Zollrecht

Zarina Musterfrau, Musterweg 100, 04000 Musterstadt, Telefon: 0341 123456, E-Mail: za.muster@email.de

BEWERBUNG

als

Medizinisch-technische Assistentin

Zarina Musterfrau

Inhalt:

Tabellarischer Lebenslauf
Erfahrungsprofil
Arbeitszeugnisse
Zertifikate

Zarina Musterfrau, Musterweg 100, 04000 Musterstadt, Telefon: 0341 123456, E-Mail: za.muster@email.de

LEBENSLAUF

PERSÖNLICHE DATEN

Name:	Zarina Musterfrau
Geburtsdaten:	TT. Monat JJJJ
Geburtsort:	Astana
Familienstand:	Ledig
Staatsangehörigkeit:	Deutsch

BERUFLICHER WERDEGANG, AKTUELLE BERUFSAUSBILDUNG

03/2013 - aktuell	**Bewerbungsphase**
09/2010 - 02/2013	**Ausbildung an der ABC-Fachschule für MTA in Musterberg**

- Abschluss: Medizinisch-Technische Assistentin
- Praktika: - 11/2008 - 01/2009, Medizinische Universitätsklinik Musterberg im Bereich Kardiologie
  - 02/2008 - 04/2008, Klinikum Musterhafen, HNO-Station
  - 03/2007 - 04/2007, Universitätsklinik Musterberg, HNO

07/2007 - 08/2010	**Familienphase**
10/2003 - 06/2007	**Arzthelferin und Assistentin an der Medizinischen Universitäts- und Musterklinik Musterberg**

- Assistentin im Funktionsbereich Herzkatheter

02/2002 - 09/2003	**Arzthelferin, Praxis Dr. Mustermann, Internist, Mustergemünd**

- Patientenaufnahme, allgemeine Praxisorganisation

12/2000 - 01/2002	**Arzthelferin, Kurklinikum am Musterpark in Bad Muster**

- Vollständige Bandbreite aller Tätigkeiten als Arzthelferin

SCHULE UND ERSTE BERUFSAUSBILDUNG

09/1995 - 11/2000	**Ausbildung an der Medizinischen Klinik und Poliklinik der Universität Musterberg**

- Abschluss: Arzthelferin
- Drei Jahre Unterbrechung durch Schwangerschaft/Erziehungszeit

03/1992 - 08/1995	**Einreise nach Deutschland, Integrationsphase, Beginn und Abbruch eines Medizin-Studiums an der Universität Musterberg**
08/1983 - 02/1992	**Muster-Gymnasium in Astana, Kasachstan**

- Abschluss: Abitur

Monat JJJJ   *Zarina Musterfrau*

Zarina Musterfrau, Musterweg 100, 04000 Musterstadt, Telefon: 0341 123456, E-Mail: za.muster@email.de

ERFAHRUNGSPROFIL

ALLGEMEINE TÄTIGKEITEN ALS ARZTHELFERIN

- Patientenbetreuung, Sekretariatsarbeiten und Empfang
- Blutabnahmen
- Testdurchführungen
- Betreuung der Patienten während der Infusionstherapien
- Aktenvorbereitungen
- Terminvergabe
- Telefondienst
- Postein-/-ausgang
- Dateneingaben der Tagesstatistiken

KARDIOLOGIE & ELEKTROPHYSIOLOGIE

- Coronarangiographie in Judkins-/Castello-Technik mit ACB- bzw. ACVB Darstellung
- Rechtsherzkatheter
- Transseptale Punktion
- Biopsien des rechten Ventrikels
- Swan Ganz mit und ohne Belastung
- PTCA mit und ohne Stentimplantation
- Ivus-Untersuchungen, Pericardpunktion
- Assistentin der Elektrophysiologie in der kardiologischen Abteilung
- HIS-EKG (RV Stimulation)
- Ablation (RA-HIS, RV)
- Ensite Ablation
- Cardioversion
- Nachsorge von Patienten mit unplattierten Schrittmacher-Defibrillator–System
- Instrumenten- und Geräteaufbereitung sowie deren Desinfektion
- Katheterbereitstellung

NEUROLOGISCHE ERFAHRUNGEN

- EEG-Labor (Nihon-Kohden-Geräte): Durchführung der EEG-Untersuchungen
- Labor der evozierte Potentiale
- Transkranielle Magnetstimulation und Reflexelektromyographie (Toennies Neuromatik und Toennies Multiliner)
- EMG-Labor (Dantec und Nikolet-Geräte)

Zarina Musterfrau, Musterweg 100, 04000 Musterstadt, Telefon: 0341 123456, E-Mail: za.muster@email.de

HNO-KENNTNISSE

- Lautstärkeskalierung
- Richtungshörtest
- Kinderaudiometrie
- Messung der transitorisch evozierten otoakustischen Emissionen (TEOAE)
- Messung der späten akustisch evozierten Potentiale (CERA)
- Anpassung des Sprachprozessors bei Patienten mit Cochleaimplantat (CI)
- Bearbeitung des Tinitus-Fragebogens nach GOEBEL und Hiller
- Kalorische Vestibularisprüfung
- Rotatorische Vestibularisprüfung
- Rhinomanometrie
- Olfaktorischer und Gustatorischer Test
- Allergietest

FORTBILDUNGEN

- 06/2009: Fortbildung MTA an der Universität Musterburg
  - Neurophysiologische Funktionsdiagnostik
  - Tremor-Klinik und elektrophysiologische Untersuchung
  - Anfälle bei Kindern
  - Die Rolle der elektrophysiologischen Zusatzuntersuchungen bei schweren und schwersten Hirnfunktionsstörungen
  - Audiologische Funktionsdiagnostik und Audiometrie
  - Kardiologische Funktionsdiagnostik
  - Das Schrittmacher-EKG

- 10/2005: Fortbildung für Prüfärzte der IRIS-Studie
  - Erlernen gesetzlicher und regulatorischer Bedingungen für die Durchführung von klinischen Prüfungen („Good Clinical Practice")

- 07/2002: Fortbildung an der ABC-Akademie GmbH in Musterberg
  - Patientenbindung am Telefon

- 10/1992: Besuch der Deutschen Sprach-Muster-Schule Musterberg
  - Abschluss: mündliche und schriftliche Prüfung mit Zertifikat

SONSTIGE KENNTNISSE & FÄHIGKEITEN

- Führerschein Klasse 3
- MS Word, MS Excel, MS Windows (bis 8)
- Russisch, Muttersprache
- Akzentfreies Deutsch, fließend in Wort und Schrift
- Englisch Grundkenntnisse

Dieter L. Schmich

Sabine Muster
Musterstr. 24 • 60000 Musterberg • Mobil: 0 12 23 / 12 34 56 78 • E-Mail: s.muster@mail.de

Bewerbung

Sabine Muster

Geburtsdatum:	TT. Monat JJJJ
Geburtsort:	Musterberg
Familienstand:	verheiratet
Zwei Kinder:	19 und 21 Jahre
Nationalität:	deutsch

Zertifikate
Zeugniskopien
Erfahrungsprofil
Tabellarischer Lebenslauf

Lebenslauf

Beruflicher Werdegang

03/2013 - dato	**Bewerbungsphase**
10/2001 - 02/2013	**Leiterin Sales Promotion bei Muster GmbH in Musterfurt** • Kosmetikartikel und Wohnaccessoires • bis 03/2003: Junior Manager Sales Promotion • bis 08/2001: Sales Promotion Associate • Unterbrochen durch eine Erziehungszeit • Details siehe Erfahrungsprofil
09/1997 - 08/2001	**Kreditsachbearbeiterin bei Musterbank AG in Musterstadt** • Details siehe Erfahrungsprofil
02/1997 - 08/1997	**Sekretärin im Logistik- und Speditionsbereich bei Muster Zentralgemeinschaft GbR in Mustershafen** • Details siehe Erfahrungsprofil
03/1987 - 02/1997	**Bankkauffrau bei Musterbank Special AG in Frankfurt** • Details siehe Erfahrungsprofil

Studium

10/1980 - 01/1987	**Studium an der Hochschule Musterhafen**
	• Fachrichtung: Betriebswirtschaftslehre
	• Abschluss: Diplom-Kauffrau
	• Diplomarbeit: "Motivationssysteme für die Bindung bestehender Vertriebsrepräsentanten"
	• Hauptfächer: - Marketingmanagement
	          - Internationale Unternehmensführung
	          - Controlling, Finanz- u. Rechnungswesen

09/1985 - 06/1986	**Zwei Auslandsemester an der Universidad Musto in San Mustian, Spanien** • Fachrichtung: Empresariales
02/1980 - 09/1980	**Wartezeit auf Studienbeginn**

Schule und Berufsausbildung

08/1977 - 01/1980	**Berufsausbildung bei Musterkasse Musterheim** • Abschluss: Bankkauffrau
09/1967 - 06/1977	**Muster-Gymnasium in Musterberg** • Abschluss: Abitur

Monat JJJJ   *Sabine Muster*

Dieter L. Schmich

Sabine Muster

Musterstr. 24 • 60000 Musterberg • Mobil: 0 12 23 / 12 34 56 78 • E-Mail: s.muster@mail.de

Erfahrungsprofil

Erfahrungen im Sales- und Marketingbereich

- Betreuung der Außendienstmitarbeiter
- Erstellung der Marketingpläne inklusive Forecast
- Gestaltung und Entwicklung von Konzepten/Marketingkampagnen
- Erfolgskontrolle aller Promotions inklusive Bewertung
- Konzeption und Erstellung von Prämienprogrammen
- Koordination der Prämienerstellung und Lagerhaltung
- Durchführung monatlicher Verkaufs- und Produktanalysen
- Leitung des Calls mit der Konzernmutter in den USA und anderen europäischen Töchtern
- Einkauf von Marketingartikeln von der Idee über Planung, Kalkulation, Beschaffung, Lagerung und Versand
- Kalkulation der Jahresmenge von Katalogen, Flyern etc.
- Markt- und Wettbewerbsanalyse
- Reklamationsmanagement sowie die Erstellung eines Empfehlungskatalogs an Hersteller und Lieferanten
- Eigenverantwortliche Produkteinführung
- Produktpräsentation vor Mitarbeitern und Kunden auf Meetings
- Kundenakquisition im Einzelhandel

Erfahrung im Communications- und Eventbereich

- Entwerfen von Texten für Broschüren, Flyer und für die Zeitung der Außendienstmitarbeiter
- Konzeption und Leitung von Produkt-Fotoshootings
- Organisation von Veranstaltungen, Meetings und Kongressen
- Mitkonzeption und Gestaltung der Events und Veranstaltungen
- Ansprechpartnerin vor Ort bei Incentive-Trips (bis zu 450 Personen)

Gruppenleitung

- Personalverantwortung für sechs Mitarbeiter
- Wöchentliche Teamsitzungen
- Leistungsgespräche: Zielvereinbarungen und -kontrolle
- Fachliche Unterstützung und Förderung der Mitarbeiter
- Leitung des Backstage-Teams (ca. 6-8 Mitarbeiter) während des jährlichen Kongresses (an drei Tagen mit ca. 2.000 Teilnehmern)

Budgetverantwortung

- Budgetverantwortung in Höhe von ca. € 800.000 p.a.
- Ableitung des benötigten Budgets aus den Marketingplänen
- Ständiger Soll-/Ist-Vergleich
- Kontrolle eingehender Rechnungen und Abgleich mit dem Budget
- Korrektur und Anpassung von Budgets und Marketingplänen

Sabine Muster
Musterstr. 24 • 60000 Musterberg • Mobil: 0 12 23 / 12 34 56 78 • E-Mail: s.muster@mail.de

Kaufmännische Kenntnisse

- Kreditsachbearbeitung:
  - Bearbeiten und Prüfen von Kreditanträgen
  - Erstellen von Kreditverträgen und Kreditprotokollen
  - Anfordern und Prüfen von Kreditsicherheiten
  - Sicherheitenverwaltung und Pfandentlassungen
  - Anlage und Verwaltung von Bürgschaftskonten

- Sekretariat:
  - Postein-/-ausgang
  - Unterstützung bei Personalauswahl und -einstellungen
  - Führen der Krankenstatistik
  - Mitarbeit bei Umstrukturierungsmaßnahmen
  - Korrekturlesen der Ausgangspost und des Informationsmaterials
  - Systemmäßige Warenbereitstellung und Endkontrolle
  - Reklamations- und Zukaufwarenbearbeitung

- Zahlungsverkehr/Wertpapierabteilung:
  - Abwicklung des gesamten Auslandszahlungsverkehrs
  - Bearbeitung von Reklamationen im In- und Auslandszahlungsverkehr
  - Klärung offener Posten im Nostrokontenbereich
  - Überwachung und Erstellung des Mahnprozesses
  - Dokumentation von Steuerprüfungsunterlagen

- Vertriebsabteilung:
  - Warenkalkulation, -bestellung und Kontrolle bei Eingang
  - Rechnungskontrolle und -erstellung
  - Vorbereitung der Belege und Erstellung der Steuererklärung
  - Kassenbuchführung

Auslandserfahrungen und Sprachkenntnisse

- Zwei Auslandssemester in San Mustian, Spanien
- Teilnahme an Produktschulungen von Muster AG, Boston, USA
- Manager-Fortbildung mit internationalen Kollegen, Boston, USA
- Reisebegleitung, Organisatorin und Ansprechpartnerin bei den
  Incentive Trips nach Marokko, Sardinien und Dubai
- Spanisch, gute Kenntnisse
- Übersetzung (Englisch/Deutsch) von Katalogen sowie Korrekturlesen

PC-Kenntnisse

- MS Office, sehr sichere Handhabung
- SAP R/3

Sonstige Kenntnisse & Fähigkeiten

- Führerschein Klasse 3
- ADA-Schein (IHK)
- Sicherheitsmitarbeiterin nach ISO XYZ

Dieter L. Schmich

DR. MAX MUSTERFRAU ....

MUSTERAU 1, 69000 MUSTERDORF
06221 000000, 0170 0000000
MUSTER@EMAIL.DE

LEBENSLAUF

.... PERSÖNLICHE ANGABEN

Name:	**Dr. Max Musterfrau**
Geburtsdatum:	**TT. Monat JJJJ**
Geburtsort:	**Musterstadt**
Familienstand:	**Verheiratet**
Nationalität:	**Kanadier**

.... BERUFSPRAXIS

05/2005 - aktuell **Geschäftsführer der XY GmbH (ehemalige ABCDE GmbH) in Musterdorf**
- Neugründung und Aufbau
- Geschäftsschwerpunkt: Plattformen für Internetauktionen
- Jährliche Gewinnsteigerung: 10-15 %
- weitere Details: siehe Erfahrungsprofil

04/1999 - 04/2005 **Geschäftsführer der DEF GmbH in Musterstadt**
- Personalverantwortung für 223 Mitarbeiter
- Personaldienstleistungen

12/1992 - 03/1999 **Vereidigter Gutachter für Umweltfragen in Musterdorf**
- Entnahme und Begutachtung von Bodenproben

07/1990 - 11/1992 **Teamleiter im Ingenieurbüro YZ GmbH in Musterlangen**

04/1989 - 06/1990 **Wissenschaftlicher Mitarbeiter an der Universität Musterberg**

.... STUDIUM UND SCHULE

10/1978 - 03/1989 **Geologie-Studium und Promotion an der Universität Musterberg**
- Abschluss: Dr. rer. nat Diplom Geologe
- Studienschwerpunkt: Mineralogie

08/1976 - 09/1978 **Auslandsaufenthalt und Fortbildungsphase**
- Nord- und Südengland sowie Kanada

08/1966 - 07/1976 **Mustername-Gymnasium in Musterdorf**
- Abschluss: Abitur, Note 1,8

.... MONAT JJJJ *Max Musterfrau*

D<small>R</small>. M<small>AX</small> M<small>USTERFRAU</small> ....

M<small>USTERAU</small> 1, 69000 M<small>USTERDORF</small>
06221 000000, 0170 0000000
M<small>USTER</small>@<small>EMAIL</small>.<small>DE</small>

ERFAHRUNGSPROFIL

.... K<small>UNDENAKQUISITION</small>, B<small>ERATUNG UND</small> V<small>ERKAUF</small>

- Erfolgreiche Investorensuche für eine Internet-Geschäftsidee
- Kundenakquisition in der Industrie und im kommunalen Sektor
- Investorengespräche
- Verkaufsgespräche auf Vorstandsebene
- Akquisition von Neukunden
- Beratung und Verkauf von EDV-Dienstleistungen
- Vertrags- und Preisverhandlungen
- Betreuung von Bestandskunden
- Reklamationsmanagement
- Key Account Management

.... P<small>RÄSENTATIONS- UND</small> M<small>ARKETINGKENNTNISSE</small>

- Präsentation der XY GmbH vor karikativen Organisationen und leitenden kommunalen Verantwortlichen
- Präsentation der XY GmbH vor Non Profits in Kanada und USA
- Konzipierung und Durchführung von Seminaren für leitende Angestellte aus Industrie und Öffentlichem Dienst
- E-Mail-Marketing
- Öffentlichkeitsarbeit sowie die Initiierung von redaktionellen Beiträgen in Printmedien

.... IT-K<small>ENNTNISSE</small>

- Konzeption und Entwicklung einer Internetplattform zur Finanzierung von sozialen und karikativen Projekten durch Internetauktionen
- Qualitätskontrolle der Softwareentwicklung
- Weiterentwicklung von www.xy.de
- Softwareentwicklung für die Geschäftsidee: „Online Auktionen für ABCDEFGH-Produkte"
- Konzipierung und Umsetzung der Webapplikation www.abc.de
- Leitung der Softwareentwicklung, Qualitätskontrolle (Living Systems)
- Entwickeln der Geschäftsidee einer Onlinedatenbank zur Berechnung von Auktionskosten
- Eigenständige Erstellung und Programmierung von Datenbanken

Dieter L. Schmich

DR. MAX MUSTERFRAU ....

MUSTERAU 1, 69000 MUSTERDORF
06221 000000, 0170 0000000
MUSTER@EMAIL.DE

.... PERSONAL- UND BUDGETVERANTWORTUNG

- Direkte Führung eines sales teams mit 15 Mitarbeitern
- Mitverantwortung für ein Budget von € 5 Mio.
- Geschäftsführung einer Niederlassung mit ca. 220 Mitarbeitern
- Leitung einer Unternehmensorganisation mit drei Hierarchieebenen

.... SPRACHKENNTNISSE

- Englisch/Deutsch, bilingual, Muttersprache
- Sehr gute Französisch-Kenntnisse in Wort und Schrift
- Spanisch, Grundkenntnisse
- Italienisch, Grundkenntnisse
- Latein, Schulkenntnisse

.... UNTERNEHMERISCHE ERFAHRUNGEN

- Gründung, Aufbau und Geschäftsführung der XY GmbH
- Gründung der ABC GmbH in Kooperation mit der MNO World GmbH
- Geschäftsführer der DEF GmbH
- Selbstständiger Gutachter für Umweltschadensfälle
- Liquiditätsplanung und -kontrolle
- Entwicklung von operativen sowie strategischen Unternehmenszielen inkl.
  deren Kontrolle und Steuerung (Controlling)
- Konzeption von Unternehmensleitsätzen

.... SONSTIGES

- Sehr gute Kenntnis der angelsächsischen Kultur und Gesellschaft
- Führerschein Klasse B
- Viele Kontakte in der deutschen, amerikanischen und kanadischen
  Wirtschaft
- Umfangreiche Allgemeinbildung
- Niveauvolle Umgangsformen bis zur Vorstandsebene
- Ausgeprägte Ergebnisorientierung
- Problemlösungskompetenz
- Führungsstärke
- Robuste Gesundheit und hohe physische Leistungsfähigkeit
- Ausgezeichnete analytische Fähigkeiten

Max Muster • Musterstr. 1 • 69000 Musterberg • 06221 – 00 00 00

Erfahrungsprofil

Betriebswirtschaftliche Erfahrungen

- Produktionsplanung und -steuerung, Projektleitung, Stücklistenverwaltung
- Materialverwaltung, -disposition und -einkauf
- Erstellen von Arbeitsplänen und Netzplänen
- Erstellen und Abwicklung von Rechenzentrumsablaufplänen
- Vorgabe und Kontrolle von operativen und strategischen Zielen
- Enge Zusammenarbeit mit der Unternehmensführung

Kaufmännische Kenntnisse

- Kalkulatorische Überwachung von Projekten
- Preisfindung, -kalkulation und -controlling
- Vorbereitung der Belege für die Buchhaltung
- Budgetplanung und -überwachung
- Materialdisposition und Lieferungskontrolle

IT-Kenntnisse

- Programmiersoftware C++, Java, Natural, Abap 4, Basic, Lisp
- MS-Office, MS Windows Vista, Internetrecherche
- HTML-Grundkenntnisse
- SAP/R3 (MM, PP, SD)
- Diverse Datenbanksysteme, wie z.B Oracel, IDMS/R
- Selbständiges Führen und Programmieren von relationalen Datenbanksystemen

Projekte

- Projektleitung: Bedarfsanalyse, Einführung und Betrieb eines Cullinet-PPS
- Mitarbeit bei einem Geld- und Devisenhandelssystems
- Erstellung eines administrativen Abwicklungssystems in einem Reisebüro

Verkaufs- und Beratungskenntnisse

- Betreuung von Bestandskunden und Key Accounts
- Akquisition von Neukunden
- Führen von Verkaufsgesprächen und Verhandlungen

Sprachkenntnisse

- Muttersprache: Deutsch
- Gute Englischkenntnisse in Wort und Schrift
- Grundkenntnisse Französisch

Sonstige Kenntnisse und Fähigkeiten

- FSK B
- Hohe körperliche und mentale Belastbarkeit

Dieter L. Schmich

Max Mustermann
Musterstr. 1, 69000 Musterberg, Telefon: 06221 – 00 00 00, E-Mail: max.mustermann@email.de

ERFAHRUNGSPROFIL

IT-Kenntnisse

- Software- und Programmierkenntnisse
  - komplette Bandbreite aller gängigen MS-Produkte
  - SAP/R3
  - C++, Java, HTML

- Microsoft Server-Betriebssysteme
  - NT 4.0
  - Windows Server 2000
  - Windows Server 2003

- Administration der IT-Infrastruktur
  - Active Directory
  - Exchange Server 2000/2003
  - Software-Verteilung und Updates
  - Datensicherung

- Netzwerktechnik
  - LAN
  - WAN
  - WLAN

- Netzwerkkomponenten
  - Router
  - Switches
  - Hubs

- Netzwerkdienste im Microsoft-Umfeld
  - DNS
  - DHCP
  - WINS
  - RAS

- Netzwerktechnologien
  - TCP/IP
  - VPN
  - FTP
  - Firewalls

- Hardware- und Netzwerkkenntnisse
  - Client
  - Server
  - Schnittstellen
  - Peripherie

- Microsoft Client-/Workstation–Betriebssysteme
  - Windows 2000, XP Home/Professional
  - Windows Vista, Ultimate und Enterprise-Edition
  - Windows 7 und 8, bis Professional Edition 64bit

Max Mustermann
Musterstr. 1, 69000 Musterberg, Telefon: 06221 – 00 00 00, E-Mail: max.mustermann@email.de

**Verkauf, Service
und Cross-Selling**

- Akquisition von durchschnittlich 30 Neukunden p.a.
- Telefonische und persönliche Kundengespräche
- Cross-Selling beim Kunden vor Ort
- Betreuung von Bestandskunden (vor-Ort-Service
  sowie Hotline)
- Bearbeitung von telefonischen Kundenreklamationen

**Kaufmännische
Kenntnisse**

- Angebotserstellung für EDV-Service-Leistungen
- Vorbereitung der Belege für die Buchhaltung
- Materialdisposition und -bestellung
- Rechnungserstellung und -kontrolle
- Preisfindung, -kalkulation und Preiscontrolling

**Sprach-
kenntnisse**

- Muttersprache Deutsch
- Fließendes, verhandlungssicheres Englisch
- Sehr gute IT-Fachenglisch-Kenntnisse
- Schulkenntnisse Französisch

**Persönliche
Eigenschaften**

- Freundlicher Umgang mit Kollegen und Kunden
- Hohe Kontakt- und Kommunikationsfähigkeit
- Belastbarkeit und Einsatzbereitschaft
- Breites technisches Interesse
- Permanente Lernbereitschaft
- Selbstständiges und systematisches Arbeiten
- Ausgeprägte analytische Fähigkeiten
- Professionelle Service- und Kundenorientierung

**Sonstige
Kenntnisse**

- Führerschein Klasse 3
- Aktives Mitglied bei PC-Freunde XYZ e.V.
- Hobby: Programmierung von PC-Spielen

Jürgen Mustermann

Erfahrungsprofil

Erfahrungen in der Leitung eines Labors

- Personalverantwortung für ca. 35 Mitarbeiter
- Budgetverantwortung in Höhe von € 000.000 p.a.
- Wöchentliche Teamsitzungen
- Zielvereinbarungen und -kontrolle
- Bürokratische Abwicklung des gesamten Laborbetriebs
- Fachliche Unterstützung der Mitarbeiter
- Organisation der Gerätereparaturen sowie Wartungsintervalle
- Gespräche mit Außendienstmitarbeitern der Lieferanten
- Materialbestellung, -kontrolle und -ausgabe
- Einarbeitung neuer Mitarbeiter
- Organisation und Überwachung aller betriebswirtschaftlichen Abläufe

Patienten- und Kundenkontakt

- Telefonische Betreuung der Zahnarztpraxen sowie deren Patienten
- Fachspezifische Beratung bezüglich der technischen Ausstattung von Zahnarztpraxen
- Persönliche Beratung der Patienten im Labor
- Technische Unterstützung der Zahnarztpraxen vor Ort
- Neukundengewinnung durch Marketingmaßnahmen sowie persönliche Ansprache
- Reklamationsmanagement bezüglich gestellten Rechnungen
- Konzeption und Durchführung von Kundenveranstaltungen
- Jährlicher „Tag der offenen Tür"

Kaufmännische Kenntnisse

- Kalkulation sowie Erstellung der Kostenvoranschläge
- Erstellung von Laborrechnungen
- Rechnungseingangskontrolle
- Vorbereiten der Belege zur Abgabe für den Steuerberater
- Liquiditätsüberwachung
- Alleinverantwortung über alle baren Einnahmen und Ausgaben
- Kassenbuchführung

Zahntechnische Kenntnisse

- Konus und Teleskoparbeiten (Gold und Ne)
- Kunststoffverblendungen bei Kombis
- Implantatarbeiten
- Keramik und Goldinlays
- Geschiebe- und Riegelarbeiten
- Modellguss
- Einfache KFO Arbeiten
- Kosmetische und technische Korrekturen im Labor
- Wartung des Maschinenparks, sofern selber machbar

Persönliche Stärken

- Schnelle Auffassungsgabe
- Ausgeprägte analytische Fähigkeiten
- Eigenverantwortliches unternehmerisches Denken und Handeln
- Freundliche und professionelle Kommunikation mit
  Arbeitskollegen und Kunden
- Hohe Belastbarkeit und Einsatzbereitschaft, auch
  unter Stressbedingungen
- Problemlösungskompetenz
- Hohe Selbstdisziplin
- Ausgeprägte Zuverlässigkeit

Sprachkenntnisse

- Muttersprache Deutsch
- Gutes Englisch in Wort und Schrift
- Französisch Schulkenntnisse
- Spanisch, einfache Grundkenntnisse

Sonstige Kenntnisse & Fähigkeiten

- Führerschein Klasse 3
- PKW vorhanden
- Gehobene Umgangsformen
- Sehr gute handwerkliche Fähigkeiten
- Sicherheitsbeauftragter
- Zertifizierter Feuerschutzbeauftragter

Max Musterfrau • Musterstr. 1 • 68000 Musterstadt • Telefon: 06202 2345678 • E-Mail: muster@mail.de

Erfahrungsprofil

Betriebswirtschaftliche Erfahrungen

- Auftragsüberwachungsgespräche mit der Geschäftsführung
- Preisfindung, -kalkulation und -controlling
- Vorbereitung der Belege für die Buchhaltung
- Budgetplanung und -überwachung
- Materialdisposition und Lieferungskontrolle
- Alleinverantwortung für sämtliche Bareinnahmen, Führung des Kassenbuchs
- Kontrolle von Reisekostenabrechnungen
- Produktionsplanung und -steuerung, Projektleitung sowie Stücklistenverwaltung
- Erstellung und Koordination von Arbeits- und Netzplänen
- Konzeption und Abschluss von softwarespezifischen Serviceverträgen

EDV-Kenntnisse

- Programmiersoftware Cobol, Natural, Abap 4, Basic und Lisp
- MS Office, MS Windows, Internetrecherche
- Erstellung von Internetseiten mit MS Frontpage
- SAP/R3 (MM, PP, SD)
- Diverse Datenbanksysteme, wie z.B Oracel, IDMS/R
- Pflegen und Programmieren von relationalen Datenbanksystemen

Projekte

- Projektleitung: Bedarfsanalyse, Einführung und Betrieb eines Cullinet-PPS
- Mitarbeit bei einem Geld- und Devisenhandelssystem
- Erstellung eines administrativen Abwicklungssystems
- Automatisierte Kalkulationsüberwachung

Personalverantwortung

- Führen eines Projektteams bestehend aus acht Mitarbeitern
- Zielvereinbarungs- und Motivationsgespräche
- Leitung von Workshops und Teambesprechungen
- Einarbeitung neuer Mitarbeiter

Pädagogische Kenntnisse

- EDV-Schulung eigener Mitarbeiter sowie Kunden
- Konzeption sowie Durchführung von sonstigen Fachschulungen

Verkaufs- und Beratungspraxis

- Beratung und Verkauf von EDV-Dienstleistungen
- Akquisition von Neukunden
- Vertrags- und Preisverhandlungen
- Betreuung von Bestandskunden sowie Reklamationsmanagement

Sprachkenntnisse, Auslandsaufenthalte

- Muttersprache: Deutsch
- Verhandlungssicheres Englisch, fließend in Wort und Schrift
- Grundkenntnisse Französisch
- Acht Wochen Fortbildungsaufenthalt in Brasilien
- Vier Wochen Sprachkurs in Malta

Brandschutz-Kenntnisse

- Angebotserstellung, Projektleitung und Auftragsabwicklung nach ISO 0000ff
- VdS-Vorschriften für Planung und Errichtung von Brandmeldeanlagen
- Erstellen eines EDV-Wartungsplanes für Brandmelder
- Koordination von EDV-Serviceeinsätzen

Ehrenamtliche und gemeinnützige Tätigkeiten

- Vereinsvorsitz in einem Tennisclub
- Prüfungsbeisitzer bei der IHK
- Mitglied und aktive Mitarbeit in einem Kinderhilfswerk

Persönliche Eigenschaften

- Schnelle Auffassungsgabe
- Ausgeprägte analytische Fähigkeiten
- Eigenverantwortliches unternehmerisches Denken und Handeln
- Teamfähigkeit
- Hohe Belastbarkeit und Einsatzbereitschaft
- Außergewöhnliche Zuverlässigkeit

Sonstige Kenntnisse & Fähigkeiten

- Führerschein Klasse B
- Sehr gute handwerkliche Fähigkeiten
- Sicherheitsbeauftragter
- Sehr gute Allgemeinbildung, insbesondere in Geschichte und Literatur

Dieter L. Schmich

4.3 Fazit

Durch ein dem Lebenslauf beigefügtes Erfahrungsprofil kann sich der Leser Ihrer Unterlagen umfangreich, geordnet nach Einsatzgebieten, und vor allem zeitsparend informieren. Bequemer können Sie es Personalverantwortlichen nicht mehr machen. Damit erfüllen Sie alle Kriterien einer zeitgemäßen und werthaltigen Bewerbungsunterlage. Ein optimales Marketinginstrument zur Beschreibung Ihrer Kenntnisse und Fähigkeiten, die Sie auf dem Arbeitsmarkt anbieten möchten.

Erfahrungsprofile erfüllen ideal die Anforderungen bezüglich Bearbeitungsfähigkeit, Werthaltigkeit und Werbewirksamkeit.

Nichtsdestotrotz haben Sie die Wahl! Entweder Sie entscheiden sich für einen erweiterten Lebenslauf inklusive der beschriebenen Unterpunkte mit Ihren Berufserfahrungen und Aufgabenfeldern oder Sie trennen das Ganze. Dann können Sie den tabellarischen Lebenslauf knapper halten und sich mehr auf das Erfahrungsprofil konzentrieren.

Sicher werden einige Leserinnen und Leser der Meinung sein, dass in ihrem speziellen Fall das Verwenden eines Erfahrungsprofil ein wenig zu übertrieben wirken würde. Darauf kann ich nur erwidern, dass dies meist ein Fehlurteil ist. Insbesondere bei einfacheren Berufsbildern kann das Verwenden eines Erfahrungsprofils sinnvoll sein. Gerade bei diesen Bewerbungskonstellationen, sich auf gängige Berufsfelder bewerben zu müssen, kann ein zusätzlich beigelegtes Profil von großer Bedeutung sein. Bei diesen häufig vorkommenden Stellen gehen meist besonders viele Bewerbungsunterlagen ein. Sie stehen dann extrem unter Wettbewerbsdruck mit anderen Jobsuchenden. Mit einem Erfahrungsprofil können Sie sich weiter von Ihren Mitbewerbern abheben.

Gehen wir nun weiter zu den noch ausstehenden Bestandteilen Ihrer Bewerbungsunterlagen.

5 Zeugnisse, Zertifikate, Belege

Hinter dem Erfahrungsprofil bzw., falls Sie keines verwenden, hinter dem Lebenslauf erscheinen Ihre Zeugnisse, Zertifikate und sonstigen Belege. Grundsätzlich sind Arbeitszeugnisse, Berufsabschlüsse, Bachelor-/Master, Schulabgangszeugnisse oder sonstige Dokumente nur dann hinzuzufügen, wenn „Vollständige Bewerbungsunterlagen" gefordert sind. Falls Sie einmal den Begriff „Kurzbewerbung" hören sollten, ist damit gemeint, ausschließlich den Lebenslauf (eventuell plus Erfahrungsprofil) und das Anschreiben vorzulegen – also alles ohne Belege.

Falls Sie über keine Informationen verfügen, welche Bewerbungsdokumente im Speziellen gefordert sind, versenden Sie grundsätzlich „Vollständige Bewerbungsunterlagen".

Bedenken Sie bitte, dass Zeugnisse und Belege in erster Linie dazu dienen, Ihre Angaben im tabellarischen Lebenslauf zu beweisen.

Grundsätzlich sind alle Angaben über berufliche/schulische Stationen sowie Berufsausbildungen, Studium oder Fort- und Weiterbildungen durch Bescheinigungen zu belegen.

Es gibt jedoch auch Fachleute, die raten, nur die aktuellsten Zeugnisse den Unterlagen beizulegen. Diese Empfehlung ist zwar realitätsnah, kann aber auch gefährlich sein! Wie Sie inzwischen wissen, sollten Sie tunlichst vermeiden, dass der Betrachter beginnt, über fehlende Informationen frei zu interpretieren. Lassen Sie einige Belege weg, laufen Sie Gefahr, mit einer ganz bestimmten Bewerbergruppe in einen Topf geworfen zu werden. Viele Jobsuchende kommen nämlich auf die fatale Idee, Zeugnisse, die sozusagen ‚schlecht' ausgefallen sind, einfach außen vor zu lassen. Dies wissen auch Personalverantwortliche.

Falls Sie darauf verzichten, bestimmte Belege mitzuliefern, wird Ihnen unterstellt, dass in diesen fehlenden Papieren etwas Negatives über Ihre Person zu finden sei.

Treffen Sie demnach auf die Gruppe von Personalverantwortlichen, die tatsächlich alle Angaben in Ihrem Lebenslauf vollständig mit Zeugnissen, Zertifikaten oder sonstigen Bescheinigungen belegt sehen möchten, und Sie tun dies nicht, werden wieder unangenehme Vermutungen angestellt.

Gibt es also harmlosere Gründe, warum Sie nicht alle Belege vorlegen können (z.B. Wasserschaden, Insolvenz des Arbeitgebers, mangelnde Konsequenz bei der Einforderung von Arbeitszeugnissen, zu große Datenmengen bei Onlinebewerbungen, etc.), dann rate ich Ihnen, schon frühzeitig auf diese Problematik hinzuweisen. Beispielsweise im Anschreiben oder im Rahmen dessen, wenn Sie im Vorfeld Ihrer Bewerbung den Arbeitgeber telefonisch oder per E-Mail kontaktieren.

Ich wiederhole mich gerne: Ich erlebe nahezu täglich die unterschiedlichsten Auffassungen bei Personalern. Rechnen Sie damit, dass Sie auf jemanden treffen könnten, der grundsätzlich alle Belege erwartet. Erfüllen Sie dann dieses Kriterium der Vollständigkeit, wird es keine Beanstandungen geben. Haben Sie es hingegen mit jemanden zu tun, der sich nur für die neuesten Arbeitszeugnisse interessiert, gibt es für Sie keine Nachteile, wenn Sie dennoch komplette Unterlagen abliefern. Zusätzlich gibt es Weiteres zu beachten:

Die Reihenfolge der eingehefteten Belege muss mit der der Angaben im Lebenslauf übereinstimmen.

Dies ist für den Betrachter Ihrer Bewerbungsunterlagen sehr angenehm. Interessiert er sich für bestimmte Belege, dient ihm der tabellarische

Lebenslauf sozusagen als Inhaltsverzeichnis. Sucht er zu einer bestimmten beruflichen oder schulischen Station die dazugehörige Bescheinigung, weiß er ziemlich genau, an welcher Stelle er diese in Ihrem Anhang finden wird.

Der Umkehrschluss gilt ebenso: Legen Sie beispielsweise ein Zertifikat über eine Zusatzqualifikation bei, dann hat diese Fortbildung auch in Ihrem Lebenslauf irgendwo aufzutauchen. Es wäre sehr schade, wenn ein Verantwortlicher gerade von diesem Zusatznutzen beeindruckt sein würde, er aber davon nichts erfährt, nur weil er bei seiner ersten Vorsichtung ausschließlich den Lebenslauf heranzieht und die angehängten Belege nicht. Und hier noch ein weiterer Ratschlag:

> **Falls Ihnen Zertifikate oder Arbeitszeugnisse fehlen sollten, versuchen Sie, diese nachträglich zu beschaffen.**

Mir ist bewusst, dass dies nicht immer möglich ist. Liegt beispielsweise ein Anstellungsverhältnis zu lange zurück, dann ist Ihr rechtlicher Anspruch verwirkt. Probieren Sie es dennoch: Bedenken Sie bitte, dass Sie sonst auch in Zukunft (vielleicht noch zig Jahre) keine „Vollständigen Bewerbungslagen" Ihr Eigen nennen können.

5.1 Das Arbeitszeugnis

Arbeitszeugnisse können auch während eines noch bestehenden Arbeitsverhältnisses als Zwischenzeugnis ausgestellt werden. Ideal wäre es, sich jedes Jahr ein solches Zwischenzeugnis vom Arbeitgeber aushändigen zu lassen. Mir ist bewusst, dass dies im Arbeitsalltag eine Gratwanderung darstellt. Es könnte als Kündigungswille Ihrerseits oder als grundsätzliche Drohung ausgelegt werden. Versuchen Sie es dennoch, zumindest zukünftige Arbeitgeber an jährliche Zwischenzeugnisse zu gewöhnen. Dies hat elementare Vorteile. Sollte es je zu einer Kündigung kommen, dauert es meist sehr lange, bis Ihnen endlich ein Arbeitszeugnis ausgehändigt wird. Haben Sie ein Zwischenzeugnis zur Hand, können Sie sich auf jeden Fall mit aktuellen Belegen bei anderen Firmen bewerben. Darüber hinaus versetzen Sie sich unbemerkt in die Lage, auch bei einem ungekündigten Arbeitsverhältnis jederzeit mit „Vollständigen Bewerbungsunterlagen" nach beruflichen Alternativen Ausschau halten zu können. Zudem ist es oft leichter, sich eine gute Bewertung ausstellen zu lassen, bevor das Verhältnis zwischen Ihnen und Ihrem Arbeitgeber möglicherweise beeinträchtigt wird.

Unabhängig davon, ob ein finales Arbeitszeugnis oder ein Zwischenzeugnis ansteht, Sie sollten auf jeden Fall darauf bestehen, dass Ihnen zunächst ein Zeugnisentwurf vorlegt wird und Sie dazu Stellung nehmen dürfen. Wenn Sie mit dem Entwurf unzufrieden sind, sprechen Sie bitte über Nachbesserungen. Darüber hinaus können Sie natürlich auch einen eigenen Vorschlag vorlegen. Dies wird von vielen Unternehmen begrüßt und nur noch unterschrieben, schließlich haben Sie dem Arbeitgeber einige Arbeit abgenommen. Im Übrigen gibt es zwei Varianten für Arbeitszeugnisse:

- **Qualifiziertes Arbeitszeugnis**

- **Einfaches Arbeitszeugnis**

Ein „Qualifiziertes Arbeitszeugnis" enthält Leistungs- und Verhaltensbeurteilungen. Es sollte folgende fünf Bestandteile aufweisen:

Firmenbriefbogen (Angaben zum Arbeitgeber sowie Kontaktdaten)		
1	Überschrift:	„Arbeitszeugnis", „Zwischenzeugnis", „Zeugnis", „Ausbildungszeugnis" oder auch „Vorläufiges Arbeitszeugnis".
2	Eingangsformel und Dauer der Anstellung:	Personalien des Zeugnisempfängers mit akademischem Titel, Anstellungsdauer, Ausbildungszeiten, Beschäftigungsunterbrechungen, usw.
3	Aufgabenbeschreibung:	Art der Tätigkeit, hierarchische Position, berufliche Entwicklung im Unternehmen. Die Aufgabenbeschreibung muss sämtliche Verantwortlichkeiten wie Haupttätigkeiten, Führung von Mitarbeitern, Projektleitungen oder Budgetverantwortung anführen.

4	Leistungs- und Verhaltensbeurteilung (codiert):	Arbeitsweise, Arbeitsleistung und Arbeitserfolge des Mitarbeiters, sein Verhalten, auch gegenüber Vorgesetzten, Kollegen und eventuell im Umgang mit Kunden.
5	Schlussformel:	Dank, Bedauern, gute Wünsche, Ort, Datum, Name des Ausstellers in maschinenlesbarer Form, Vertretungszusatz, Original-Unterschrift.

„Einfache Arbeitszeugnisse" sind im Prinzip genauso aufgebaut wie „Qualifizierte Arbeitszeugnisse". Der einzige Unterschied ist, dass man auf die codierte „Leistungs-/Verhaltensbeurteilung" („Zeugnissprache") sowie auf die Schlussformel „Grund des Ausscheidens, gute Wünsche, usw." verzichtet.

Der Schwerpunkt bei dieser vereinfachten Form liegt auf der wertfreien Beschreibung bzw. Aufzählung der Aufgaben und Tätigkeitsfelder. Diese Art Zeugnis, ohne ‚geheime' Zeugnissprache, setzt sich immer mehr durch. Der Grund für das Auslassen einer codierten Beurteilung liegt darin, dass der Sinn zunehmend infrage gestellt wird. Sowohl beim Verfassen von Bewertungen als auch bei der Interpretation können aufgrund der „Zeugnissprache" einfach zu viele Missverständnisse und Irritationen auftreten.

Zudem läuft man Gefahr, dass Beurteilungen im Falle eines gestörten Verhältnisses zwischen Arbeitgeber und Arbeitnehmer allzu negativ ausfallen. Deshalb wird ein zeitgemäßes Arbeitszeugnis keine umfangreichen individuellen „Leistungs- und Verhaltungsbeurteilungen" mehr enthalten. Einige moderne Unternehmen sind längst dazu übergegangen, den Schwerpunkt der Angaben lediglich auf die neutrale Aufzählung der Arbeitsaufgaben zu legen.

Einige wenige besonders umsichtige und verantwortungsvolle Arbeitgeber versehen ihre Arbeitszeugnisse sogar mit folgendem Zusatz:

„Dieses Arbeitszeugnis wurde transparent und uncodiert verfasst. Es enthält damit keine doppeldeutigen oder sonst wie interpretierbaren Formulierungen."

Dieter L. Schmich

5.2 Nicht erlaubte Inhalte

Folgendes darf ein Arbeitszeugnis auf keinen Fall beinhalten:

- **Negative Beobachtungen und Bemerkungen**
- **Gehalt und Kündigungsgründe**
- **Vorstrafen**
- **Abmahnungen**
- **Krankheiten und Fehlzeiten**
- **Leistungsabfall**
- **Alkoholabhängigkeit**
- **Behinderungen**
- **Betriebsratstätigkeit**
- **Gewerkschaftsengagement**
- **Parteizugehörigkeit und konfessionelle Zugehörigkeit**
- **Nebentätigkeiten und Ehrenämter**
- **Urlaubs- und Fortbildungszeiten**
- **Es darf nichts unterstrichen, kursiv oder fett gedruckt sein.**

Die Liste der Informationen, die in Arbeitszeugnissen tabu sind, ist beträchtlich. Sie verstehen sicher, warum sich eine Geheimsprache für Arbeitszeugnisse überhaupt entwickeln konnte. Sehen wir uns diese Formulierungen jetzt etwas näher an.

5.3 Zeugnissprache

Wie bereits erwähnt, werden heutzutage Sinn und Nutzen codierter Leistungsbeurteilungen (Geheime Zeugnissprache) allgemein infrage gestellt. Trotzdem werden Sie immer wieder mit diesem Thema konfrontiert werden. Ihre Bewerbungsunterlagen werden höchstwahrscheinlich noch entsprechende Arbeitszeugnisse enthalten. Da Sie sicher selbst bewerten möchten, was Sie da zukünftigen Arbeitgebern bzw. Personalverantwortlichen vorlegen, werde ich nun auf dieses leidige Thema näher eingehen. Überschätzen Sie allerdings die Bedeutung von ‚guten' Arbeitsbeurteilungen nicht. Auch hier ist seit Jahren eine bestimmte Tendenz zu beobachten. Immer mehr Arbeitszeugnisse werden von Arbeitnehmern selbst vorformuliert (deshalb tun Sie dies bitte auch). Zudem ist manch hervorragende Beurteilung das Ergebnis individueller Vergleiche bzw. das Resultat von Aufhebungsverträgen zwischen Arbeitgebern und ihren Angestellten. Auf der Arbeitgeberseite traut man deshalb (verständlicherweise) ‚guten' oder sogar ‚sehr guten' Beurteilungen schon längst nicht mehr. Hervorragende Arbeitszeugnisse bringen Ihnen daher heute keinen echten Vorteil mehr. Sie sind zur Selbstverständlichkeit geworden.

Etwas anderes ist eine schlechte Beurteilung. Ein Zeugnis muss immer sowohl wahrheitsgemäß als auch wohlwollend formuliert sein. Es darf nicht durch eine offensichtlich sehr schlechte Beurteilung die weitere Karriere des scheidenden Mitarbeiters zerstören. Ein schlechtes Arbeitszeugnis ist immer ein Indiz dafür, dass Ihr früherer Arbeitgeber Ihnen nichts Gutes wünscht. Es ist dabei unerheblich, aus welchem Grund dies der Fall ist! Erscheint ein solches Zeugnis in Ihren Bewerbungsunterlagen, ist das sehr nachteilig für Sie.

> **‚Sehr gute' Arbeitszeugnisse werden oft nicht ernst genommen. Schlechte aber sehr wohl!**

Allerdings ist die Geheimsprache der Arbeitszeugnisse manchmal so geheim, dass so mancher Verfasser damit überfordert ist. Selbst gut gemeinte Beurteilungen können aus Unkenntnis formale Fehler aufweisen oder gar missverständlich formuliert sein. Es ist also damit zu rechnen, dass einige Arbeitgeber in der Ausstellung von Arbeitszeugnissen fachliche Defizite haben. Umgekehrt sieht man sich jedoch mit dem gleichen

Problem konfrontiert. Es ist jederzeit möglich, dass ein ‚gutes' Arbeitszeugnis in Ihren Bewerbungsunterlagen von einem Entscheidungsträger aus Unkenntnis vielleicht nur als durchschnittlich bewertet wird. Und das nur, weil der Empfänger nicht in der Lage ist, ein Arbeitszeugnis richtig, also so, wie es gemeint ist, zu lesen (wenn das überhaupt jemand kann). Nebenbei bemerkt: Es gibt mittlerweile unzählige Veröffentlichungen zur Zeugnissprache, teilweise widersprechen sich die Autoren sogar! Sie sehen, es herrscht Chaos in diesem Bereich.

Nichtsdestotrotz möchte ich Ihnen einige Beispiele anführen. Sicher möchten Sie prüfen, was Sie in Ihre Unterlagen einordnen werden. Ich werde nur solche Formulierungen beschreiben, die in der Fachwelt zumindest einigermaßen eindeutig zugeordnet werden.

Die eigentliche Leistungsbeurteilung

Da der Arbeitgeber Sie nicht offen benoten darf, werden die eigentlichen Zeugnisnoten durch Codes ersetzt – die sogenannte „geheime Zeugnissprache":

Note 1: „…stets zur vollsten Zufriedenheit."

Note 2: „…stets zur vollen Zufriedenheit."

Note 3: „…stets zur Zufriedenheit."

Note 4: „…zu unserer Zufriedenheit."

Note 5: „…im Großen und Ganzen zu unserer Zufriedenheit."

Note 6: „…er/sie bemühte sich…"

Ausdauer und Belastbarkeit

Note 1: „Wir haben sie als eine ausdauernde und außergewöhnlich belastbare Mitarbeiterin kennengelernt, die auch unter schwierigsten Arbeitsbedingungen alle Aufgaben bewältigte."

Note 2: „Wir haben sie als eine ausdauernde und gut belastbare Mitarbeiterin kennengelernt, die auch unter Termindruck ihre Aufgaben bewältigte."

Note 3: „Wir haben sie als eine Mitarbeiterin kennengelernt, die ihre Aufgaben erfüllend den Anforderungen gewachsen war."

Note 4: „Wir haben sie als eine Mitarbeiterin kennengelernt, die ihre Aufgaben im Allgemeinen erfüllte und den normalen Anforderungen gewachsen war."

Initiative und Bereitschaft

Note 1: „Er zeigte stets ein sehr hohes Maß an Eigeninitiative und Leistungsbereitschaft..." oder:

„...hatte immer wieder ausgezeichnete Ideen, gab wertvolle Anregungen..."

oder: „... ergriff selbstständig alle erforderlichen Maßnahmen und führte sie stets entschlossen durch."

Note 2: „Sie zeigte stets eine hohe Leistungsbereitschaft und Pflichtauffassung."

oder: „...hatte oft gute Ideen, gab weiterführende Anregungen..."

oder: „...ging alle Aufgaben tatkräftig an und handelte selbstständig."

Note 3: „...Er zeigte Einsatzbereitschaft..."

oder: „...gab gelegentlich eigene Anregungen..."

oder: „...übernahm die übertragenen Aufgaben und führte aus

Note 4: „Mit ihrer Arbeitsbereitschaft waren wir zufrieden."

oder: „... übernahm die übertragenen Aufgaben und führte sie unter Anleitung aus."

Sozialverhalten

Note 1: „...Verhalten zu Vorgesetzten und Mitarbeitern war stets vorbildlich/einwandfrei. Er/Sie trug in jeder Hinsicht zu einer sehr guten und effizienten Teamarbeit bei." oder: „...Zusammenarbeit mit Vorgesetzten und Mitarbeitern war stets sehr gut."

Note 2: „...Verhalten zu Vorgesetzten und Mitarbeitern war einwandfrei/vorbildlich. Er/Sie trug zu einer guten und effizienten Teamarbeit bei." oder:

„...Zusammenarbeit mit Vorgesetzten und Mitarbeitern war stets gut."

Note 3: „...Verhalten zu Mitarbeitern und Vorgesetzten war gut."

oder: „...Zusammenarbeit mit Vorgesetzten und Mitarbeitern war gut."

Note 4: „...Verhalten zu Mitarbeitern und Vorgesetzten war insgesamt einwandfrei."

oder: „...gegenüber den Kollegen/Vorgesetzten verhielt er/sie sich korrekt."

Note 5: „...Verhalten gegenüber Mitarbeitern und Vorgesetzten war insgesamt zufriedenstellend."

oder: „...Verhalten war größtenteils und im Wesentlichen einwandfrei."

Fachwissen

Note 1: „Aufgrund seines umfangreichen und besonders fundierten Fachwissens erzielte er immer weit überdurchschnittliche Erfolge."

Note 2: „Sie wendete ihre guten Fachkenntnisse laufend mit großem Erfolg im Arbeitsgebiet an."

Note 3: „Er besitzt ein solides Fachwissen in seinem Fachgebiet."

Note 4: „Sie zeigte bei der Bearbeitung der ihr übertragenen Aufgaben das notwendige Fachwissen, das sie entsprechend einsetzte."

Note 5: „Er zeigte bei der Beschäftigung mit den ihm übertragenen Aufgaben das notwendige Fachwissen, das er wiederholt Erfolg versprechend einsetzte."

Arbeitsweise

Note 1: „Die Aufgaben führte er immer äußerst selbstständig, effizient und sorgfältig aus."

Note 2: „Die Aufgaben führte sie immer selbstständig, effizient und sorgfältig aus."

Note 3: „Die Aufgaben führte er selbstständig, effizient und sorgfältig aus."

Note 4: „Die Aufgaben wurden mit Sorgfalt und Genauigkeit ausgeführt."

Note 5: „Die Aufgaben wurden im Allgemeinen mit Sorgfalt und Genauigkeit ausgeführt."

Kündigungsgrund

Der Kündigungsgrund wird ebenfalls mithilfe der codierten „Zeugnissprache" konkretisiert.

Wird ausschließlich das Datum des Ausscheidens ohne Kündigungsgrund angegeben, ist das negativ zu werten. Der Arbeitnehmer wurde verhaltensbedingt gekündigt. Er ist also „mit Vorsicht zu genießen".

Steht als Kündigungsgrund „In gegenseitigem Einvernehmen" bedeutet dies, dass der Arbeitnehmer gekündigt wurde oder selbst gekündigt hat, bevor er rausgeflogen wäre. Sind Zusätze entsprechend positiv formuliert, deutet es auf einen Aufhebungsvertrag hin.

Wird „In gegenseitigem Einvernehmen" jedoch mit dem Wegfall des Arbeitsplatzes begründet (z.B. betriebliche Gründe) wird dies nicht negativ bewertet.

Wird zusätzlich angegeben, dass der Arbeitgeber dies bedauert, ist das positiv zu sehen. Bedankt sich der Arbeitgeber noch und spricht Zukunftswünsche aus, ist dies besonders positiv zu verstehen.

Dank, Bedauern, Wünsche

Note 1: „Wir bedauern sein Ausscheiden sehr und danken ihm für stets sehr gute Leistungen. Wir wünschen ihm auf dem weiteren Berufs- und Lebensweg alles Gute und weiterhin viel Erfolg."

Note 2: „Wir bedauern ihr Ausscheiden und danken ihr für die stets guten Leistungen. Wir wünschen ihr auf dem weiteren Berufs- und Lebensweg alles Gute und weiterhin Erfolg."

Note 3: „Wir bedauern sein Ausscheiden und danken für die guten Leistungen. Wir wünschen ihm auf dem weiteren Berufs- und Lebensweg alles Gute."

Note 4: „Wir danken für ihre Mitarbeit. Wir wünschen ihr für die Zukunft alles Gute."

Note 5: „Wir bedanken uns für das Streben nach einer guten Leistung. Wir wünschen ihm alles nur erdenklich Gute, insbesondere auch Erfolg bei den weiteren Bemühungen."

Sonstige Formulierungen

Zeugnissprache:	Bedeutung:
„…hat alle Arbeiten ordnungsgemäß erledigt …"	Sie/Er ist entwickelte wenig Eigeninitiative.
„…wusste sich zu verkaufen…"	Wurde als dominant empfunden.
„…zeigte für seine Arbeit Verständnis…"	Er/sie ist unmotiviert.
„…war immer mit Interesse bei der Sache…"	Er/Sie hat sich nicht angestrengt.
„…wegen seiner Pünktlichkeit war er stets ein gutes Vorbild…" oder: „…hat sich im Rahmen seiner Fähigkeiten eingesetzt…"	Er/Sie war völlig überfordert.
„…toleranter Mitarbeiter…"	Probleme mit dem Chef. Akzeptiert die Hierarchie nicht.
„…durch seine Geselligkeit trug er zur Verbesserung des Betriebsklimas bei…"	Es werden Alkoholprobleme vermutet.
„…für die Belange der Belegschaft bewies er stets Einfühlungsvermögen…"	Ist vermutlich dem anderen Geschlecht betriebsintern zu nahe getreten.

Es gibt noch weitere Codierungstechniken, wie z.B. das „Herausstellen von Nebensächlichkeiten", die „Auslassungstechnik", die „doppelte Verneinung", „Einschränkungen" usw. Ich möchte darauf jedoch nicht weiter eingehen, denn erstens gibt es zum Bedeutungsgehalt zu unterschiedliche Auffassungen und zweitens möchte ich Sie nicht zur Überbewertung Ihrer Arbeitszeugnisse verleiten.

Achten Sie lediglich darauf, dass Sie nicht solche Arbeitszeugnisse ausgestellt bekommen, welche die bereits erwähnten negativen Formulierungen enthalten. Das ist völlig ausreichend.

6 Bewerbungsanschreiben

Mir ist bewusst, dass die Masse der Bewerberinnen und Bewerber viel Aufwand mit Bewerbungsanschreiben betreibt. Meist ist dies vergebene Liebesmühe. Lösen Sie sich von dem Gedanken, dass Sie nur deshalb zu einem Vorstellungsgespräch eingeladen werden, weil Ihr Text besonders ausgeklügelt und raffiniert formuliert ist.

Wie Sie inzwischen wissen, steht für die erste Sichtung von Bewerbungen unter Umständen wenig Zeit zur Verfügung. Die Wahrscheinlichkeit, dass Ihr Anschreiben zunächst nur überflogen wird, ist mehr als hoch. Es könnte sogar passieren, dass Ihr Anschreiben gar nicht erst gelesen wird.

Diese Problematik betrifft Sie nicht mehr. Falls auch Ihr Anschreiben unberücksichtigt bleiben sollte, wird dem Leser durch die Unterpunkte in Ihrem Lebenslauf (bzw. durch Ihr Erfahrungsprofil) trotzdem die volle Bandbreite Ihrer Fähigkeiten und Kenntnisse geboten.

Dennoch wird ein Anschreiben erwartet. Es ist nun mal ein offizieller Bestandteil Ihrer Unterlagen. Zudem habe ich Ihnen im Kapitel „Lebenslauf" versprochen, auch die diejenige Gruppe von Personalern zu berücksichtigen, die dem Anschreiben höchste Bedeutung beimessen.

Je unerfahrener ein Verantwortlicher für Personalauswahlverfahren ist oder je mehr Zeit einem Betrachter zur Verfügung steht, umso eher misst er dem Anschreiben eine Bedeutung zu.

Uns bleibt also nichts anderes übrig, als dieses Thema sehr ernst zu nehmen, schließlich müssen wir wieder gegensätzliche Auffassungen abdecken. Ich werde infolgedessen lieber den seltenen Fall voraussetzen, dass Ihr Text genau unter die Lupe genommen wird. Sicher ist sicher!

Es stellt sich also die Frage: „Welche Kriterien muss ein Bewerbungsanschreiben erfüllen, damit es nicht wie in unserem Eingangsbeispiel als leeres Geschwätz aufgefasst wird?" Grundsätzlich soll es den Arbeitgeber dazu bringen, dass er Ihre Bewerbungsunterlagen weiter liest und nicht gleich auf den Stapel mit dem Etikett ‚uninteressant' legt. Ihr Text hat also im besten Fall die Neugier auf Ihre Person, zumindest aber auf Ihre weiteren Unterlagen zu wecken.

> **Ihr Anschreiben sollte nicht nur auf Ihre fachlichen und charakterlichen Stärken, sondern auch auf die folgenden Bestandteile Ihrer Bewerbungsunterlagen neugierig machen.**

Zunächst ist es zweckmäßig, sich einige Grundsätze einzuprägen:

- **Im Vorstellungsgespräch werden Sie vermutlich auf Ihre Angaben angesprochen. Bleiben Sie daher bei der Wahrheit, damit kommen Sie erst gar nicht in die Situation, dem Gesprächspartner ‚etwas vorspielen' zu müssen.**

- **Ihr Anschreiben sollte inhaltlich individuell verfasst und passgenau auf die ausgeschriebene Stelle zugeschnitten sein.**

- **Erzählen Sie auf keinen Fall Ihre berufliche Laufbahn nach. Dafür gibt es den tabellarischen Lebenslauf.**

- **Eine A4-Seite sollte möglichst nicht überschritten werden.**

Darüber hinaus haben Sie wieder zu versuchen, sich in den jeweiligen Arbeitgeber hineinzuversetzen. Überlegen Sie, was dieser von Ihnen erwarten könnte. Er zahlt ein Gehalt und möchte wissen, was er für sein Geld bekommt. Schreiben Sie also nicht über Ihre eigenen Wünsche, sondern über die der Gegenseite. Damit sind wir wieder bei den Ergebnissen Ihrer beruflichen Selbstanalyse angelangt:

> **Ihr Bewerbungsanschreiben sollte in der Hauptsache aus Ihren Vorzügen aufgrund Ihres beruflichen Profils bestehen.**

Sie vergleichen also Ihr „Berufliches Profil" mit den Anforderungen der Stelle, auf die Sie sich bewerben möchten. Suchen Sie nach der Schnittmenge zwischen dem, was Sie bieten und dem, was gefordert ist:

1. **Welche meiner fachlichen Fähigkeiten sind gefragt?**

2. **Welche meiner charakterlichen Stärken werden erwünscht**

3. **Welche Beispiele aus meinem Berufsleben gibt es, um meine fachlichen und charakterlichen Qualifikationen zu belegen?**

Zur Bearbeitung dieser drei Fragen finden Sie wieder Checklisten im Anhang dieses Buchs. Dort können Sie eine kurze Stoffsammlung erstellen, was Sie alles für den betreffenden Arbeitsplatz zu bieten haben. Damit ist der grundsätzliche Inhalt Ihres Textes bereits festgelegt. Sie müssen Ihre Notizen nur noch ausformulieren.

Allerdings könnte auch folgende Bewerbungskonstellation eintreten: Sie möchten sich initiativ bewerben und haben deshalb im Vorfeld telefonisch oder per E-Mail Kontakt zum betreffenden Unternehmen aufgenommen. Man hat Ihnen die Zusage erteilt, Ihre Bewerbung versenden zu können. In dieser Situation liegt Ihnen natürlich keine Anforderungsliste vor, wie sie meist innerhalb Stelleninseraten zu finden ist. Jetzt müssen Sie überlegen, was wohl erwartet wird. Dies ist sicher nicht einfach. Falls Ihnen nichts Konkretes einfallen sollte, versuchen Sie dennoch nicht, alle erdenklichen Anforderungen anzusprechen. Vertrauen Sie auf Ihren ausführlichen Lebenslauf bzw. auf Ihr Erfahrungsprofil!

Bevor wir jedoch mit der individuellen Formulierung Ihres Textes starten können, gibt es noch formale Kriterien zu berücksichtigen.

6.1 DIN 5008-Norm

Zu Ihrer Information existiert tatsächlich eine DIN-Norm für Anschreiben. Auf der folgenden Seite sehen Sie den schematischen Aufbau, den es zu beachten gilt:

Dieter L. Schmich

↓
16,9 mm
→24,1 mm ←   ↑

1. Zeile	**Vorname Nachname**	**TT. Monat JJJJ**
2. Zeile	**Straße Hausnummer**	
3. Zeile	**PLZ Wohnort**	
4. Zeile	**Telefon**	
5. Zeile	**E-Mail**	
6. Zeile	*Leerzeile*	
7. Zeile	*Leerzeile*	
8. Zeile	*Leerzeile*	
9. Zeile	**Vorname Name, Straße, PLZ Wohnort** (8pt)	
10. Zeile	**Firmenname**	
11. Zeile	**Ansprechpartner**	
12. Zeile	**Straße Hausnummer**	
13. Zeile	**PLZ Wohnort** (eventuell fett)	
14. Zeile	*Leerzeile*	
15. Zeile	*Leerzeile*	
16. Zeile	*Leerzeile*	
17. Zeile	*Leerzeile*	
18. Zeile	*Leerzeile*	
19. Zeile	*Leerzeile*	
20. Zeile	**Betreffzeile**	
21. Zeile	**Eventuell 2.Betreffzeile** (8pt)	
22. Zeile	*Leerzeile*	
23. Zeile	*Leerzeile*	
24. Zeile	**Anrede**	
.	*Leerzeile*	
.	**Text**	
.	**Text**	
.	.	
.	.	
.	.	
.	.	
.	.	
.	.	
.	.	
.	.	
.	**Text**	
.	**Text**	
.	*Leerzeile*	
.	**Grußformel**	
.	*Leerzeile* (incl.Unterschrift)	
.	*Leerzeile*	
.	*Leerzeile*	
.	**Maschinenschriftlicher Vorname Nachname**	
.	*Leerzeile*	
.	**Anlagen**	

Im Gegensatz zu den Bewerbungsunterlagen selbst, gibt es also zumindest für das darin enthaltene Anschreiben einen Standard. Diese Normen werden jedoch immer wieder modifiziert. Dies hat zur Folge, dass ein Teil der Briefe selbst in der Geschäftswelt selten dem neuesten Stand entsprechen.

Weiterhin sind für die einzelnen Briefelemente mehrere Varianten bzw. Auslegungen statthaft. So gibt es beispielsweise mehrere erlaubte Formate für das Datum oder Telefonnummern. Auch sind unterschiedliche Schriftarten und Schriftgrößen zulässig. Also machen Sie sich da nicht verrückt! Wenn Sie sich nicht gerade für eine Bürotätigkeit bewerben, die ausschließlich die Erstellung von hochoffizieller Korrespondenz zur Aufgabe hat, können Sie die DIN-Norm für Anschreiben in einem gewissen Rahmen großzügig handhaben. Zumal auf der Arbeitgeberseite meist auch keine vollständigen Kenntnisse vorhanden sind, welche Norm gerade aktuell ist bzw. welche Auslegungen zulässig sind.

Dennoch möchte ich der Vollständigkeit halber einige Auszüge der aktuellen DIN 5008 vorstellen. Somit haben Sie zumindest ein paar offizielle Fakten, an denen Sie sich ungefähr orientieren können.

Schriftgrößen sind 11pt oder 12pt und die Schriftarten: *Arial*, *Tahoma* oder *Verdana*.

Der Text beginnt bei 24,1 mm von der linken Blattkante aus. Die erste Zeile bei 16,9 mm, gemessen von oben.

Vorwahlen und Rufnummern werden bei Telefonnummern lediglich durch ein Leerzeichen getrennt, z.B. 06221 1234456 oder 0172 123456. Um die Lesbarkeit zu erhöhen, sind jedoch auch folgende Formate erlaubt: (06221) 123456, 06221 - 12 34 56 oder 06 22 1 / 12 34 56.

Das Datum steht rechtsbündig in der ersten Zeile oder in der Zeile, wo auch die PLZ und der Ort stehen. Sie sollten das „deutsche Datumsformat" verwenden, wie 10. Januar 2013, 10. Januar 13 oder 10. Jan. 2013. Der Ort wird dabei nicht mehr genannt.

Begriffe wie *Fa., Firma, z.Hd., zu Händen, An die, An den, An, c/o, Betreff* oder *Betr.* werden nicht mehr verwendet.

- Der Betrefftext (ohne *Betr.*: am Anfang der Zeile) ist fett und kann zweizeilig sein. Er hat keinen Schlusspunkt.

- Zwischen den einzelnen Absätzen im Text selbst wird grundsätzlich eine Leerzeile eingefügt.

- Die Schluss-Grußformel kann lauten: Mit freundlichen Grüßen, Mit freundlichem Gruß, Mit herzlichen Grüßen oder Mit herzlichem Gruß.

- Nach der Grußformel folgen dann drei Zeilen Abstand und danach erscheint maschinenschriftlich Ihr Name. Dazwischen erscheint Ihre handschriftliche (bzw. gescannte) Unterschrift.

- Am Ende des Briefs erscheinen die Anlagen. Die einzelnen Bestandteile werden nicht mehr aufgezählt. Ein Wort ist ausreichend, z.B. *Bewerbungsunterlagen* oder nur *Anlage*

6.2 Leitfaden und struktureller Aufbau

Sie sollten bei der Erstellung Ihres Bewerbungsanschreibens einem ‚roten Faden' folgen. Deshalb stelle ich Ihnen jetzt eine Art Baukastensystem mit passenden Formulierungen vor. Damit können Sie bequem und professionell Ihre eigenen Texte verfassen. Gleichzeitig ist es möglich, das Anschreiben auf Ihre ganz spezifische Bewerbungssituation abzustimmen.

Als Ergebnis werden Ihre Textkreationen immer den gleichen strukturellen Aufbau (ich meine nicht den gleichen Inhalt) aufweisen. Das hat für Sie den Vorteil, dass Sie schnell in Übung kommen. Nach kurzer Zeit sind Sie dann in der Lage, auch ohne Leitfaden individuelle und insbesondere treffende Anschreiben zu formulieren. Gleichzeitig umgehen Sie die Falle, sich zu verzetteln.

Im Übrigen werde ich auf ‚saloppe Texte' verzichten. Wenn Sie im Internet recherchieren, werden Sie einige sehr gewagte Mustervorlagen finden. Ich kann Ihnen versichern, dass beim Gros der Arbeitgeber noch immer gehobene Umgangsformen geschätzt werden. Formulierungen nach dem Motto „Hoppla, jetzt komme ich" werden in der Regel eher als Frechheit aufgefasst.

Zurück zu dem Leitfaden für Anschreiben. Zunächst sollten Sie sich gedanklich vorstellen, dass Ihr Text aus sechs grundsätzlichen Teilen besteht:

1. Teil: **Briefkopf, Betreffzeile, Anrede**

2. Teil: **Positive Einleitung**

3. Teil: **Fachliche Stärken**

4. Teil: **Charakterliche Stärken**

5. Teil: **Individuelle Besonderheiten**

6. Teil: **Schlusssatz**

Auf jeden einzelnen Teil gehe ich nun in den folgenden Unterkapiteln etwas näher ein. Starten wir mit dem einfachsten, dem ersten Abschnitt.

1. Teil: Briefkopf, Betreffzeile, Anrede

Ihre Kontaktdaten sollten im Absender enthalten sein. Rechnen Sie damit, dass Sie heute einen Anruf anstelle eines Einladungsschreibens für ein Vorstellungsgespräch erhalten. Geben Sie demnach nur solche Telefonnummern an, die auch dazu geeignet sind, von Arbeitgebern in Anspruch genommen zu werden. Die gleichen Überlegungen gelten für Ihr elektronisches Postfach: Falls Sie Ihre E-Mail-Adresse nennen, muss es für Sie auch üblich sein, täglich Ihr Mails abzurufen.

Achten Sie auch darauf, bei der Empfängeradresse die offizielle Unternehmensbezeichnung zu verwenden. Das ist das Mindestmaß an Höflichkeit. Sie sollten sich schon dafür interessieren, wie das Unternehmen firmiert bzw. welche Gesellschaftsform tatsächlich gewählt wurde. Wenn Sie selbst angeschrieben werden, gefällt es Ihnen sicher auch nicht, wenn Ihr Name nur teilweise genannt wird.

Der Ansprechpartner steht an zweiter Stelle nach der Firmenbezeichnung. Das Kürzel „z. Hd." gilt als veraltet. Wenn Sie dennoch solche nostalgischen Begriffe in manchen Stelleninseraten noch lesen sollten, dann üben Sie Toleranz und passen sich einfach an. In diesen Fällen können Sie natürlich „z. Hd." trotz besseren Wissens verwenden.

Grundsätzlich müssen Sie damit rechnen, dass die Person, die Sie anschreiben möchten, nicht diejenige ist, die als Erstes das Anschreiben liest bzw. bearbeitet. Zudem könnte der Empfänger mit einer Vielzahl an Bewerbungen konfrontiert sein. Stellen Sie deshalb einen geringstmöglichen Zeitaufwand sicher. Bereits durch die Betreffzeile hat dem Leser einzuleuchten, und zwar ohne den weiteren Text lesen zu müssen, dass Sie sich und worauf Sie sich bewerben möchten:

- **Begriffe wie „Bewerbung", „bewerben", „Stelle", „Stellenangebot" oder Ähnliches sollten schon in der Betreffzeile auftauchen.**

- **Nennen Sie immer die Position (oder den Aufgabenbereich), auf die (den) Sie sich bewerben möchten.**

- **Falls vorab ein Kontakt stattgefunden hat, beziehen Sie sich darauf und geben Sie das Datum an.**

Es muss klar sein, warum Sie auf die Idee gekommen sind, dem Empfänger etwas zuzusenden (z.B. Telefonat mit Frau XY). Nur so wird schnell erkannt, dass Sie nicht irgendein x-beliebiger ‚Blindbewerber‘ sind, sondern quasi berechtigt sind, die Zeit des Lesers einzufordern.

Nach der Betreffzeile folgt die übliche Anrede „Sehr geehrte Frau XY" oder „Sehr geehrter Herr XY", die mit einem Komma abgeschlossen wird. In Österreich und Deutschland ist der erste Satz die Fortführung der Anrede. Demnach gilt für den Beginn Ihres Textes die Kleinschreibung (im Gegensatz zur Schweiz: Die Anrede wird dort nicht mit einem Komma abgeschlossen. Deshalb geht es danach im Text mit der Großschreibung weiter).

2. Teil: Positive Einleitung

Jetzt beginnt Ihr eigentliches Anschreiben. Selbstverständlich sollten darin keine Floskeln enthalten sein. Eine Ausnahme darf der erste Satz sein (eventuell die ersten zwei). Es entspricht dem guten Umgangston, einen Brief mit einem höflichen, freundlichen Einstiegssatz zu beginnen. Wenn dem Leser auffällt, dass Sie sich über Ihren potenziellen Arbeitgeber informiert oder Sie etwas Positives über die Firma selbst zu berichten haben, ist dies eine weitere angenehme Aufmerksamkeit. Zudem müssen Sie im ersten Teil Ihres Textes den im „Betreff" genannten Anlass bzw. den Grund Ihrer Bewerbung konkretisieren.

Zu Beginn sollte ein positiver Bezug zum Ansprechpartner oder zum Unternehmen hergestellt werden.

Fällt Ihnen dazu nichts Besonderes ein, brauchen Sie sich nicht mit Gewalt irgendetwas aus den Fingern saugen. Ein einfacher, freundlicher Satz ist dann völlig in Ordnung.

Ich zähle jetzt beispielhaft einige mögliche Einstiegsformulierungen auf. Im Übrigen müsste sich herumgesprochen haben, dass man im Vorfeld der Bewerbung zunächst Kontakt mit den jeweiligen Unternehmen auf-

Dieter L. Schmich

nimmt, bevor Unterlagen versendet werden. Diese Vorgehensweise setzen einige der nun folgenden Textmodule voraus:

... zunächst herzlichen Dank für das informative Gespräch. Sehr gerne sende ich Ihnen meine Bewerbungsunterlagen zu.

... Ihr Angebot, mich bei Ihnen bewerben zu können, hat mich sehr gefreut. Als Anhang erhalten Sie meine Unterlagen als PDF-Datei.

... Ihr Unternehmen leistet aus meiner Sicht exzellente Arbeit und ich würde es sehr schätzen, für Sie tätig zu werden. Deshalb sende ich Ihnen gerne meine Bewerbungsunterlagen zu.

... unser Gespräch am TT.MM.JJJJ auf der Messe XYZ war für mich sehr interessant. Vielen Dank, dass Sie mir das Angebot machten, mich bei Ihnen bewerben zu können.

... zunächst vielen Dank für die prompte Antwort auf meine Anfrage. Ihr Unternehmen ist Marktführer im Bereich .... , deshalb bewerbe ich mich sehr gerne um eine Position als ....

... vorab möchte ich mich für das angenehme Telefonat bedanken. Gerne nehme ich Ihr Angebot wahr, Ihnen meine Bewerbungsunterlagen zuzusenden.

... gerne würde ich für einen Marktführer tätig sein. Zudem ist mir Ihre Internetseite positiv aufgefallen, weil ....

... mein Telefonat mit Herrn Muster war sehr informativ. Er empfahl mir, Ihnen meine Unterlagen zuzusenden.

... sehr gerne sende ich Ihnen meine vollständigen Bewerbungsunterlagen per Post zu.

... zunächst vielen Dank, dass Sie sich am .... spontan Zeit für mich genommen hatten. Wie vereinbart, sende ich Ihnen meine Kurzbewerbung zu.

... mit großem Interesse habe ich Ihre Anforderungen in Ihrer Stellenanzeige gelesen. Diese entsprechen exakt meinem beruflichen

Profil, deshalb sende ich Ihnen meine Bewerbungsunterlagen zu.

... Ihre Stellenausschreibung ist mir besonders positiv aufgefallen, da meine Kenntnisse im Bereich .... ideal darauf zugeschnitten sind.

... da ich mich gerade bei Ihrem Unternehmen über eine Anstellung freuen würde, überreiche ich hiermit persönlich meine Bewerbung.

Selbstverständlich können Sie einzelne Formulierungen nur teilweise verwenden, ergänzen, kürzen oder kombinieren.

3. Teil: Fachliche Stärken

Verzichten Sie ab jetzt auf Floskeln! Der Leser muss womöglich tagtäg lich zahlreiche Anschreiben lesen. Einfache und eindeutige Sätze, warum Sie für den Arbeitgeber der richtige Kandidat sind, haben jetzt Vorrang. Dafür können Sie die Ergebnisse aus der Analyse Ihres „Fachlichen Profils" hervorragend nutzen. Zählen Sie jedoch nur die wichtigsten Vorzüge, das heißt einige Ihrer Berufserfahrungen oder Abschlüsse auf, schließlich kann in Ihrem Fall alles Weitere repräsentativ, zeitsparend und aussagekräftig aus dem tabellarischen Lebenslauf (oder Erfahrungs- profil) entnommen werden. Im Folgenden liste ich für diesen dritten Teil Ihres Anschreibens wieder einige Textmodule auf:

Im Laufe meines langjährigen Berufslebens konnte ich meine Ausbil- dung zum .... mit umfangreichen Praxiskenntnissen ergänzen. Meine Aufgabengebiete betrafen in der Hauptsache .... und ....

Sowohl .... und .... als auch .... waren regelmäßige Be- standteile meiner Arbeit.

Neben meiner Qualifikation als .... biete ich langjährige Erfah- rungen in ...., ... und ....

Aufgrund meiner Funktion als .... sind mir die Tätigkeitsbereiche ...., ... und .... bestens bekannt.

Zu meinen weiteren fachlichen Stärken zählen .... und ....

Während meiner letzten Anstellung bei einem Marktführer für .... war ich mit der Bearbeitung der Sachgebiete .... und .... betraut.

Ebenso kann ich umfangreiche praktische Erfahrungen in den Bereichen .... , ... und .... vorweisen.

Neben .... umfasste meine Zuständigkeit auch .... und ....

Der tägliche Umgang mit .... und .... ist für mich eine Selbstverständlichkeit.

Des Weiteren war ich verantwortlich für .... und ....

Durch mein Engagement im Bereich .... habe ich bewiesen, dass ich in der Lage bin, ...

Zusätzlich war ich mit .... und .... beauftragt, deshalb biete ich auch ausreichende Erfahrungen in......... sowie ....

Durch meine Verantwortungsbereiche .... und .... eignete ich mir viel Know-how in .... an.

Meine Affinität zu .... und .... runden mein Profil ab.

Suchen Sie sich einige Module heraus, die zu Ihrem natürlichen Sprachgebrauch sowie zu Ihrer Situation passen. Ich empfehle Ihnen, nicht mehr als zwei bis drei Sätze zu verwenden. Damit haben Sie noch genügend Raum für Ihre noch zu nennenden Softskills, schließlich darf Ihr Anschreiben eine A4-Seite nicht überschreiten.

4. Teil: Charakterliche Stärken

An dieser Stelle hat der Betrachter Ihres Anschreibens bereits viele fachliche Vorteile Ihrerseits genannt bekommen. Damit entlassen wir den Leser aber noch nicht – sofort geht es weiter. Jeder Satz muss einen zusätzlichen Nutzen für das betreffende Unternehmen beinhalten: Jetzt sind Ihre charakterlichen Stärken dran:

Durch meine bisherigen Tätigkeiten ...., ... und .... habe ich vor allem meine .... und .... unter Beweis stellen können.

Als meine besonderen Stärken betrachte ich meine .... und .... Darüber hinaus zeichne ich mich durch .... und .... aus.

Die Fähigkeiten .... ,.......... und .... zähle ich zu meinen besonderen Stärken.

Zu meinen persönlichen Eigenschaften gehören ......, ... und ....

Bisher wurde mir bescheinigt, dass ich über die Eigenschaften ...., ... und .... verfüge.

Während meiner Tätigkeit als .... konnte ich meine .... und .... unter Beweis stellen

Als .... habe ich gelernt .... und .... zu handeln.

Meine .... und .... Art ermöglicht es mir, meine Aufgaben .... zu bewältigen.

Zudem zeichne ich mich durch ..... und ...... gepaart mit ...... aus.

Es ist positiv aufgefallen, dass ich ....

Meine persönlichen Stärken .... und .... werden sicher hilfreich sein, mich rasch einarbeiten zu können.

Eine hohe .... sowie eine ausgeprägte .... runden mein Profil ab.

Des Weiteren gilt meine Arbeitsweise als .... und ....

Meine wesentlichen Persönlichkeitsmerkmale .... und .... konnte ich während meiner Arbeit als .... praxisorientiert anwenden.

.... sehe ich als ebenso selbstverständlich an wie ....

Suchen Sie sich wieder zwei bis drei Varianten heraus und setzen Sie diejenigen charakterlichen Merkmale in die Textlücken ein, die Sie im Rahmen der Analyse Ihres „Persönlichkeitsprofils" gefunden haben (und/oder im jeweiligen Stelleninserat als charakterliche Anforderungen aufgelistet sind und Sie diese auch erfüllen).

Rechnen Sie im Übrigen damit, in einem Vorstellungsgespräch auf das Geschriebene angesprochen zu werden. Sie sollten Ihre Stärken also schon bei der Formulierung gedanklich begründen können

5. Teil: Individuelle Besonderheiten

Um die positive Wirkung der beiden vorangegangenen Abschnitte nicht verblassen zu lassen, müssen Sie nun schnell zum Ende kommen. Es können aber noch Besonderheiten vorliegen, auf die Sie hinweisen müssen. In diesem Teil Ihres Anschreibens können Sie das kurz ansprechen:

Mein Zeugnis wird gerade durch meinen letzten Arbeitgeber erstellt. Sobald es mir vorliegt, werde ich es umgehend nachreichen.

In meinem Unterlagen fehlt im Übrigen das Zeugnis .... Ich kann Ihnen diesen Beleg zu meinem Bedauern nicht vorlegen, weil ....

Zu Ihrer Information bin ich erst wieder ab .... erreichbar, da ....

Im Übrigen fühle ich mich hier seit meiner Einreise im Jahr .... sehr wohl. Ich habe mich sehr gut integrieren können und verfüge deshalb über fließende Deutschkenntnisse in Wort und Schrift.

Seit geraumer Zeit trage ich mich mit dem Gedanken, meinen Wohnort zu wechseln. Ihre Region würde ich dabei besonders bevorzugen.

An dieser Stelle möchte ich noch erwähnen, dass die Betreuung meiner Kinder optimal geregelt ist. Dadurch kann ich mich hundertprozentig auf meine Berufstätigkeit konzentrieren.

Im Übrigen habe ich meinem tabellarischen Lebenslauf ein Erfahrungsprofil hinzugefügt, das Ihnen strukturiert und übersichtlich weitere Berufserfahrungen aufzeigt.

6. Teil: Schlusssatz

Ihr Anschreiben ist nun fast fertig. Fehlt nur noch der Schlusssatz. Dieser besteht meist (wie die Einstiegsfloskel) nur aus einer Höflichkeitsformulierung. Falls in einem Stelleninserat gewünscht wird, dass Sie Ihre Verfügbarkeit oder Gehaltsvorstellungen nennen, können Sie dies im Schlusssatz Ihres Anschreibens unterbringen.

Ab MM/JJJJ könnte ich zur Verfügung stehen. Meine Gehaltsvorstellungen liegen bei zirka € 00.000 p.a. Über die Einladung zu einem Vorstellungsgespräch freue ich mich sehr.

Ich wäre kurzfristig einsatzbereit und würde mich über die Einladung zu einem Vorstellungsgespräch sehr freuen.

Über ein persönliches Gespräch, bei dem Sie sich ein genaueres Bild von meiner Person und meinen Qualifikationen verschaffen können, würde ich mich sehr freuen.

Ihrem Unternehmen kann ich ab dem TT.MM.JJJJ zur Verfügung stehen. Gerne würde ich Sie in einem persönlichen Gespräch von meiner Motivation überzeugen.

Ich bin kurzfristig verfügbar und freue mich über ein persönliches Gespräch.

Mein Einstiegsgehalt sollte zwischen € 00.000 und € 00.000 p.a. liegen. Über ein mögliches Vorstellungsgespräch freue ich mich sehr.

Über die Einladung zu einem Vorstellungsgespräch würde ich mich sehr freuen

Über eine positive Nachricht freue ich mich sehr.

Jetzt müssen Sie nur noch Ihre gescannte Unterschrift einfügen und Ihr Bewerbungsanschreiben ist vollendet.

Zerbrechen Sie sich im Übrigen bitte nicht den Kopf, ob beispielsweise die Verwendung des Konjunktivs richtig oder falsch ist. Ich kann

Ihnen guten Gewissens versichern, dass es bei Arbeitgebern niemanden geben wird, der sich mit solchen Bagatellen wirklich ernsthaft beschäftigt. Das gilt ebenso, falls Sie sich die Frage stellen sollten, ob es erlaubt ist, einen Satz mit „Ich" zu beginnen.

Noch ein letzter Rat: Ein noch so aussagekräftiges, elegantes und zielorientiertes Anschreiben wird sofort zunichte gemacht, wenn darin nur ein einziger Tippfehler enthalten ist. Die ganze Mühe, passende Sätze formuliert zu haben, wäre umsonst gewesen. Lassen Sie deshalb (falls möglich) den fertigen Text ein bis zwei Tage liegen. Dann werden Ihnen Unstimmigkeiten, unpassende Formulierungen oder Tippfehler eher auffallen. Oder Sie legen das Ganze anderen zum Lesen vor:

Falls Ihnen die Zeit zur Verfügung steht, sollten Sie Ihr Bewerbungsanschreiben von Dritten Korrektur lesen lassen.

6.3 Musterbeispiele

Um die bisherigen Empfehlungen zu verdeutlichen, finden Sie nachfolgend wieder einige Musterbeispiele. Aber auch auf meiner bereits erwähnten Internetpräsenz werden Ihnen kostenfreie Downloads zur Verfügung gestellt. Bedenken Sie bitte auch hier, nicht einfach den kompletten Text eins zu eins zu übernehmen. Auch andere lesen dieses Buch oder besuchen meine Internetseite. Bringen Sie Ihre persönliche Note mit ein.

Ihnen werden übrigens kleine Absenderzeilen über der Empfängeradresse auffallen. Dadurch können Sie Fensterkuverts nutzen. So müssen Sie im Falle von Bewerbungsmappen das Kuvert nicht beschriften. Ein weiteres, kleines Mosaiksteinchen zu mehr Eleganz.

Richard Mustermann   TT. Monat JJJJ
Mustermannstraße 100
12345 Musterheim
Mobil: 01 23 4 - 56 78 910
E-Mail: richard.mustermann@email.de

Richard Mustermann, Mustermannstraße 100, 12345 Musterheim

Musterunternehmen GmbH & Co. KG
Frau Uta Musterfrau, Geschäftsführerin
Muster-von-Personal-Str. 99
54321 Musterstadt

Ihre Nachricht per E-Mail vom TT.MM.JJJJ, Bewerbung als „Technischer Leiter"

Sehr geehrte Frau Musterfrau,

herzlichen Dank für die prompte Antwort per E-Mail. Gerne nehme ich Ihr Angebot wahr und sende Ihnen meine Bewerbungsunterlagen als PDF zu.

Als Konstruktionsleiter verfüge ich über umfangreiche Fachkenntnisse in den Bereichen Konstruktion, Fertigung und Projektmanagement. Der Schwerpunkt bestand in der Erstellung von Sonderkonstruktionen für Bewegungssysteme auf Messen und Ausstellungen. Weitere Anwendungsbereiche betrafen Produktionslinien, den Anlagenbau, die Bühnentechnik und den Eventbereich. Meine Teamverantwortung betraf acht Mitarbeiter.

Während meiner langjährigen Tätigkeit konnte eine europaweite Marktführerschaft erreicht werden. Neben der Konstruktion der Anlagen umfasste mein Verantwortungsbereich auch Kunden- und Lieferantengespräche, die Angebotserstellung sowie die Koordination von Projekten. Zu meinen weiteren Qualifikationen zählen der konsequente Umgang mit leistungsfähigen 3D-CAD-Programmen, sehr gute Englischkenntnisse sowie das professionelle Arbeiten mit MS Office.

Zu meinen Hauptstärken zählen unkonventionelles Denken und die Freude an der Entwicklung. Zudem zeichne ich mich durch Entscheidungsfreude und Durchsetzungsvermögen gepaart mit unternehmerischem Denken aus.

Über ein persönliches Gespräch würde ich mich sehr freuen.

Mit herzlichen Grüßen

Richard Mustermann
Richard Mustermann

Anlage

Dieter L. Schmich

Susanne Muster   TT. Monat JJJJ
Musterstraße 100
12345 Musterstadt
Telefon: 01 23 / 45 67 89 10
E-Mail: susanne.muster@email.de

Susanne Muster, Musterstraße 100, 12345 Musterstadt

Muster ggmbH, Seniorenheim Musterdorf
Dr. Max Mustermann
Musterallee 100
70123 Musterberg

Unser Gespräch am TT.MM.JJJJ auf der Mustermesse
Bewerbung als Leiterin einer Altenpflegeeinrichtung

Sehr geehrter Herr Dr. Mustermann,

zunächst herzlichen Dank für das angenehme und informative Gespräch auf der Mustermesse in Musterstadt. Sehr gerne sende ich Ihnen meine Unterlagen zu.

Als diplomierte Sozialpädagogin biete ich langjährige und umfangreiche Berufserfahrungen in verantwortlichen Positionen der Seniorenarbeit. Aufgrund meiner Funktion als Heimleiterin sind mir die Aufgabenbereiche Budgetplanung/-verantwortung, Personalführung, Pflegebereichsplanung/-koordination sowie die Weiterentwicklung von Pflegekonzepten bestens bekannt.

Sowohl die Sicherung der Kapazitätsauslastung für 130 stationäre Pflegeplätze inklusive Kurzzeitpflege und 65 betreute Seniorenwohnungen, als auch die Repräsentation der Einrichtung nach innen und außen, waren regelmäßiger Bestandteil meiner Arbeit. Zudem verfüge ich über die zertifizierte Zusatzqualifikation als QM-Beauftragte. Der tägliche Umgang mit dem PC und MS Office gehören für mich zur Selbstverständlichkeit.

Meine bisherigen Arbeitgeber schätzten an mir besonders meine Integrität, meinen Sinn für das Machbare sowie meine Führungskompetenz. Des Weiteren zeichne ich mich durch Einfühlungsvermögen, unternehmerisches Denken und Patientenorientierung aus.

Über Ihre Einladung zu einem persönlichen Gespräch freue ich mich sehr.

Mit freundlichen Grüßen

Susanne Muster
Susanne Muster

Bewerbungsunterlagen

Martina Mustermann   TT. Monat JJJJ
Mustermannstraße 100
12345 Musterheim
Telefon: 01 23 4 - 56 78 910
E-Mail: martina.mustermann@email.de

Martina Mustermann, Mustermannstraße 100, 12345 Musterheim

IT-Musterunternehmen GmbH
Yvonne Musterfrau
Musterstraße 10
98756 Musterheim

Unser Telefonat vom TT.MM.JJJJ
Bewerbung für die Bereiche Auftragsabwicklung oder Vertriebsinnendienst

Sehr geehrte Frau Musterfrau,

zunächst vielen Dank für das freundliche Telefonat. Wie besprochen, sende ich Ihnen
meine vollständigen Bewerbungsunterlagen zu.

Ich biete für die zu besetzende Position spezifische und langjährige Berufserfahrungen.
Dazu zählen in der Hauptsache die Themengebiete Customer-Service,
Vertragsverhandlungen, Angebotserstellung sowie die komplette Bandbreite aller
üblichen Aufgaben in der Auftragsabwicklung. Meine Affinität zur Vertriebsunterstützung
und Kompetenz in Sachen Assistenz runden mein Profil ab.

Durch meine bisherigen Tätigkeiten habe ich vor allem meine effektive Arbeitsweise und
Kundenorientierung unter Beweis stellen können. Persönlich zeichne ich mich durch ein
hohes Maß an Flexibilität aus. Ich bin entscheidungsstark, behalte den Überblick und
kann sehr gut Prioritäten setzen. Toleranz, Teamgeist und Aufgeschlossenheit zählen zu
meinen weiteren Stärken.

Im Übrigen habe ich meinem tabellarischen Lebenslauf ein Erfahrungsprofil hinzugefügt,
das Ihnen übersichtlich alle weiteren Berufserfahrungen aufzeigt.

Ich freue mich, Ihnen in einem persönlichen Gespräch, einen noch umfassenderen
Eindruck von mir vermitteln zu können.

Mit freundlichen Grüßen

Martina Mustermann
Martina Mustermann

Bewerbungsunterlagen

Dieter L. Schmich

Jürgen Mustermann   TT. Monat JJJJ
Mustermannstraße 100
12345 Musterheim
Telefon: 01 23 4 - 56 78 910
E-Mail: juergen.mustermann@email.de

Jürgen Mustermann, Mustermannstraße 100, 12345 Musterheim

Musterunternehmen GmbH & Co. KG
Frau Lara Musterfrau, Bereichsleitung
Am Mustersteig 12
12356 Musterburg

Ihre E-Mail vom TT.MM.JJJJ
Bewerbung als Industriekaufmann im Rechnungswesen

Sehr geehrte Frau Musterfrau,

zunächst vielen Dank für Ihre prompte Antwort per E-Mail. Ich habe mich über Ihr
Angebot gefreut, Ihnen meine Bewerbungsunterlagen zusenden zu dürfen. Im Übrigen
habe ich heute Ihre Internetseite betrachtet. Die darauf gezeigte
Unternehmenspräsentation hat mich sehr angesprochen.

Meine Berufsausbildung zum Industriekaufmann werde ich MM/JJJJ erfolgreich
abschließen. Ich sammelte bereits während meiner Ausbildungszeit Erfahrungen im
Rechnungswesen. Zu meinen Aufgaben zählten dabei die Rechnungserstellung und die
Zahlungseingangskontrolle.

Darüber hinaus war ich mit Tätigkeiten des Mahnwesens und des
Reklamationsmanagements beauftragt. Durch ein Praktikum konnte ich mir weitere
Praxiskenntnisse auf den Gebieten Belegkontrolle und elektronische Ablagesysteme
aneignen. Im Übrigen gehören der Umgang mit dem PC und den MS Office-Programmen
für mich zur Selbstverständlichkeit.

Meine konzentrierte und eigenverantwortliche Arbeitsweise sowie meine ausgeprägte
Lernbereitschaft werden sicher hilfreich sein, mich rasch einzuarbeiten.

Ich bin kurzfristig verfügbar und würde mich sehr über ein Vorstellungsgespräch freuen.

Mit freundlichen Grüßen

Jürgen Mustermann
Jürgen Mustermann

Anlage

Sabine Muster
Musterstraße 100
12345 Musterstadt
Telefon: 01 23 / 45 67 89 10
E-Mail: sabine.muster@email.de

TT. Monat JJJJ

Sabine Muster, Musterstraße 100, 12345 Musterstadt

Muster AG, Klinikbetriebe Musterdorf
Herr Dr. Max Musterpersonaler
Musterstraße 123
12345 Musterdorf

Ihre Stellenanzeige „Diätassistentin" in der Musterzeitung vom TT.MM.JJJJ

Sehr geehrter Herr Dr. Musterpersonaler,

Ihr Stelleninserat hat mich sehr angesprochen, deshalb bewerbe ich mich bei Ihnen.

Meine nebenberufliche Qualifizierung zur Diätassistentin werde ich in vier Wochen erfolgreich abschließen. Ich konnte bereits während meiner Ausbildungszeit in der XY-Klinik praktische Erfahrungen sammeln. Ich wurde mit der Zubereitung spezifischer Diätmenüs sowie deren Ausgabe an Patienten betraut. Dabei konnte ich meine erlernten Kenntnisse schon im praktischen Klinikbetrieb unter Beweis stellen.

Durch ein Praktikum im Seniorenstift XY im Bereich Speisesaal konnte ich mir weitere Berufserfahrungen auf den Gebieten Küchenorganisation und Wareneinkauf aneignen.

Zu meinen persönlichen Hauptstärken zählen meine schnelle und effektive Arbeitsweise. Darüber hinaus zeichne ich mich durch Qualitätsbewusstsein, Patientenorientierung und Herzlichkeit aus.

Zum TT.MM.JJJJ bin ich verfügbar. Über die Einladung zu einem Vorstellungsgespräch freue ich mich sehr.

Mit herzlichen Grüßen

Sabine Muster
Sabine Muster

Bewerbungsunterlagen als PDF-Datei

Anette Musterfrau   TT. Monat JJJJ
Mustermannstraße 100
12345 Musterheim
Telefon: 01 23 4 - 56 78 910
E-Mail: anette.musterfrau@email.de

Anette Musterfrau, Mustermannstraße 100, 12345 Musterheim

IT-Musterunternehmen GmbH
Carmen Musterpersonalerin
Musterhöhe 98
54321 Musterstadt

Unser heutiges Telefonat
Ihre ausgeschriebene Stelle „Fachinformatikerin" auf Ihrer Homepage

Sehr geehrte Frau Musterpersonalerin,

zunächst herzlichen Dank für das informative Telefonat. Es hat mich sehr gefreut, dass Sie sich so viel Zeit genommen haben, um meine Fragen zu beantworten.

Ich verfüge über die abgeschlossene Berufsausbildung als Fachinformatikerin. Darüber hinaus biete ich Ihnen die Zusatzqualifikation MS 12345B und MS 6789A. Zu meinen bisherigen Aufgabengebieten zählten unter anderem die Administration von PC-Netzwerken sowie die Wartung von XX- und YY-Systemen. Ihre Anforderung, gute Kenntnisse in den Programmiersprachen A und B zu besitzen, kann ich ebenso erfüllen.

Während meiner Familienpause konnte ich bei etablierten IT-Unternehmen zwei Praktika absolvieren. Dadurch lernte ich die Hard- und Software von Unix- und Windows-Servern praxisorientiert kennen.

Meine Arbeitsweise ist zielorientiert und effektiv. Als meine besonderen Stärken betrachte ich meine Konzentrationsfähigkeit, Serviceorientierung und Problemlösungskompetenz. Im Übrigen ist die Betreuung meines Kindes optimal geregelt, sodass ich mich professionell auf meine Berufstätigkeit konzentrieren kann.

Über eine Einladung zu einem Vorstellungsgespräch würde ich mich sehr freuen.

Mit freundlichen Grüßen

Anette Musterfrau
Anette Musterfrau

Bewerbungsunterlagen

Dr. Martin Muster   TT.MM.JJJJ
Am grünen Muster 1
1234 Musterstadt
Telefon: 01234 3456789
E-Mail: muster@mail.ch

Dr. Martin Muster, Am grünen Muster 1, 12345 Musterstadt

World AG
Herr Dr. Jan Mustermann
Am Muster 12a
0568 Musterich

Ihr Online-Stelleninserat „Geschäftsleitung" bei www.muster.de

Sehr geehrter Herr Dr. Mustermann,

die World AG leistet aus meiner Sicht exzellente Arbeit und ich würde es sehr schätzen, für solch ein Unternehmen tätig zu werden. Deshalb sende ich Ihnen gerne meine Bewerbungsunterlagen zu.

Ich verfüge über einen Hochschulabschluss als Diplom Kaufmann. Aufgrund meiner anschließenden fünfzehnjährigen Berufspraxis konnte ich umfangreiche Erfahrungen sammeln im Aufbau von Organisationen und Unternehmensstrukturen sowie in zahlreichen anspruchsvollen Marketingmaßnahmen. Weiterhin habe ich sechs Jahre eine AG geleitet und dabei die Plattform „XY-Net" aufgebaut. Selbstverständlich bin ich auch gewohnt, mit Menschen bzw. Kunden aus den vielfältigsten gesellschaftlichen Bereichen zu kommunizieren sowie Geschäftsbeziehungen einzugehen.

Persönlich zeichne ich mich durch ein hohes Maß an Eigeninitiative und Überzeugungskraft aus. Ich setze mir ehrgeizige Ziele, die ich mit großem Einsatz erreichte, und strebe stets die Zufriedenheit der Kunden an. Ich bin entscheidungsstark, kann gut Prioritäten setzen, behalte den Überblick und habe ein gutes Augenmaß für das tatsächlich Machbare.

Obwohl ich Kanadier bin, lebe ich hier bereits seit 1971. Ich bin es gewohnt, Englisch sowie Deutsch bilingual auf hohem Niveau in Wort und Schrift nutzen zu können. Darüber hinaus beachten Sie bitte mein umfangreiches Erfahrungsprofil.

Meine Gehaltsvorstellungen liegen bei ca. € 000.000 p.a. und ich habe momentan eine Kündigungsfrist von sechs Monaten zum Quartalsende zu beachten. Über ein persönliches Gespräch würde ich mich freuen.

Mit freundlichen Grüßen

Martin Muster
Dr. Martin Muster

Bewerbungsunterlagen inkl. Erfahrungsprofil

Esther Musterfrau   TT. Monat JJJJ
An der Musterau 12
1234 Musterhausen
Telefon: 0 12 34 / 5 67 89
E-Mail: e.musterfrau@mail.at

Esther Musterfrau, An der Musterau 12, 1234 Musterhausen

Kaufmann GmbH & Co. KG
Anette Beispiel
Musterstr. 30
0321 Musterheim

Ihre E-Mail vom TT.MM.JJJJ, Bewerbung als „Sachbearbeiterin"

Sehr geehrte Frau Beispiel,

zunächst einmal danke schön für Ihre umgehende Antwort per E-Mail. Gerne sende ich Ihnen meine Bewerbung als PDF-Datei zu.

Ich verfüge über eine kaufmännische abgeschlossene Berufsausbildung und konnte anschließend über drei Jahre bei der XY GmbH umfangreiche Berufserfahrungen sammeln. Zu meinen Aufgabenschwerpunkten zählten die Bearbeitung von allgemeinen Büro- und Verwaltungstätigkeiten sowie die Erstellung der Korrespondenz. Als Fachassistentin leitete ich einen kompletten Empfangsbereich und stellte dabei meine organisatorischen Fähigkeiten unter Beweis. Das Arbeiten mit den MS Office-Programmen und das sichere Beherrschen des Zehnfingersystems gehörten zu meinen täglichen Arbeitsaufgaben.

Meine bisherigen Arbeitgeber schätzten an mir besonders meine flexible und selbstständige Arbeitsweise. Des Weiteren pflege ich gute Umgangsformen und bin in der Lage, mit Kunden und Kollegen harmonisch und professionell zu kommunizieren. Zudem bescheinigte man mir eine schnelle Auffassungsgabe. Dadurch konnte ich mich immer schnell in anspruchsvolle neue Arbeitsbereiche einarbeiten.

Ich wäre ab dem TT.MM.JJJJ verfügbar und würde mich über ein persönliches Gespräch sehr freuen.

Mit freundlichen Grüßen

Esther Musterfrau
Esther Musterfrau

Anlagen

Markus Mustermann

TT. Monat JJJJ

Am grünen Muster 1

69118 Musterstadt

Telefon: (06221) 12345667

E-Mail: mustermann@mail.de

Markus Mustermann, Am grünen Muster 1, 69118 Musterstadt

Technik GmbH & Co. KG

Herr Albert Mustermann

Muster Weg 30-32

40213 Muster

Ihr Online-Stellenangebot „STP-Modulberater" bei www.online.de
Unser Telefonat vom TT. Monat JJJJ

Sehr geehrter Herr Mustermann,

erst einmal danke schön für das informative Telefonat und Ihr Angebot, meine Bewerbungsunterlagen zu Ihren Händen per E-Mail senden zu können.

Ich bin Diplom-Wirtschaftsingenieur (FH), Vertiefung Nachrichtentechnik. Danach konnte ich meine über 15-jährige Berufserfahrung bei verschiedenen etablierten IT-Unternehmen sammeln. Dabei erwarb ich unter anderem umfangreiche Kenntnisse bezüglich der Organisation, der Einführung und der Betreuung von XY-Steuerungssystemen (Schwerpunkt Materialbeschaffung). Darüber hinaus verfüge ich auch über eine zertifizierte Fortbildung bei der XY AG in Musterruhe als SAP R/3-Organisator/Berater (Logistik).

Zu meinen persönlichen Hauptstärken zählen meine Flexibilität sowie meine ausgeprägte Konzentrationsfähigkeit, die sich auch unter Stressbedingungen nicht reduziert. Zudem verfüge ich über eine sehr effektive Arbeitsweise, sodass ich immer wieder anspruchsvolle Zusatzaufgaben übernehmen konnte.

Im Übrigen habe ich meinem Lebenslauf ein Erfahrungsprofil beigelegt. Daraus können Sie schnell und übersichtlich alle meine weiteren Kenntnisse und Fähigkeiten ersehen.

Zu Ihrer Information habe ich aktuell eine Kündigungsfrist von drei Monaten zum Quartalsende zu beachten. Über ein persönliches Gespräch freue ich mich sehr.

Mit freundlichen Grüßen

Markus Mustermann

Markus Mustermann

Bewerbungsunterlagen inkl. Erfahrungsprofil

7 Versand per E-Mail

Dieses Kapitel ist entscheidend für den Versand Ihrer Bewerbungsunterlagen! Es wäre sehr bedauerlich, wenn Sie sich durch die bisherigen Empfehlungen dieses Ratgebers Spitzenunterlagen erarbeitet hätten und das Ganze würde beim Empfänger gar nicht ankommen oder an seinem PC auf einer sehr unschönen Art und Weise dargestellt werden. Alle bisherigen Bemühungen wären schlagartig umsonst gewesen!

Es gibt keine genauen Zahlen: Ich bin jedoch mit zahlreichen Arbeitgebern und Fachleuten einig, dass sicher zwanzig bis dreißig Prozent aller E-Mail-Bewerbungen in einer für den Bewerber unvorteilhaften Form oder überhaupt nicht beim Personalverantwortlichen ankommen.

Immer wieder werden E-Mails versendet, die mit einer Unmenge von Datei-Anhängen gespickt sind. Viele Beschäftigte verlieren schon beim Anblick dieser ‚Monster-E-Mails' die Motivation, solche Bewerbungen professionell abzuarbeiten.

Ebenso oft gehen exotische Dateiformate ein, die von der Arbeitgeberseite nicht geöffnet werden können. Darüber hinaus wird nicht auf die maximal erlaubte Dateigröße geachtet, sodass die Onlinebewerbung schon im EDV-System des Unternehmens untergeht. Arbeitssuchende denken, sie hätten sich beworben und wundern sich anschließend, dass sie niemals zu Vorstellungsgesprächen eingeladen werden. Sie kommen gar nicht auf die Idee, dass es nie möglich war, ihre Unterlagen zu lesen.

Auch dann, wenn die Bewerbung einsehbar ist, bekommen oft Firmen eine derart schlechte Qualität von eingescannten Zeugnissen präsentiert, dass sich so mancher wieder nach der guten alten Bewerbungsmappe zurück sehnt. Dann sind Scans zu sehen, die schräg abgebildet sind, seltsame Ränder haben, keinen Abstand zum Seitenrand einhalten oder man benötigt eine Lupe, um den Text entziffern zu können.

Die Anforderung, Bewerbungsdateien ausschließlich in einem sicheren und allgemeingültigen Format zu übermitteln, wird ebenfalls von vielen missachtet. Wird darauf verzichtet, kann es durchaus passieren, dass liebevoll formatierte Dokumente auf dem Monitor des Empfängers völlig ‚verrutscht' dargestellt werden. Elegant und professionell gestaltete Unterlagen verwandeln sich zu einem hässlichen Erscheinungsbild.

Auch das Umgekehrte gibt es: Manche Technik-Freaks überfordern die Adressaten. Sie ‚packen' beispielsweise ihre zahlreichen Dateien in ein Zip-Format oder verkomplizieren das Ganze auf andere Weise.

Sie sehen, Bewerbungen per E-Mail zu versenden, kann durchaus eine Herausforderung sein. Folgen Sie allen Ratschlägen dieses Kapitels, werden Sie von den aufgezählten Negativbeispielen nicht betroffen sein.

Mir ist bewusst, dass sich manche nicht zutrauen, ihre Bewerbungen digital aufzubereiten, schließlich benötigt man dafür Spezialwissen. Falls das bei Ihnen auch so sein sollte, ist das noch lange kein Beinbruch. Machen Sie sich schlau, wer Ihre Unterlagen zu einer Onlineversion überarbeiten kann. Es sind sicher einige Bewerbungsfachleute in Ihrer Region tätig. Für alle anderen Leser werde ich nun einiges vorstellen, das garantiert, sich in der Online-Welt optimal präsentieren zu können.

7.1 E-Mail-Konto

Selbstverständlich benötigen Sie ein E-Mail-Konto. Falls Sie im Senden von E-Mails ungeübt sind oder sogar überhaupt keine eigene E-Mail-Adresse besitzen, müssen Sie sich jetzt mit diesem Thema beschäftigen.

Eröffnen Sie im Internet ein elektronisches Postfach und legen Sie sich eine E-Mail-Adresse zu. Das Einrichten von solchen Konten, das Senden und Empfangen von E-Mails sowie das Anhängen von Dateien ist heute sehr anwenderfreundlich und ist auch für Laien (mit einem bisschen Engagement) leicht zu bewältigen.

Viele Jobsuchende nutzen E-Mail-Anbieter, die kostenfrei sind. Obwohl dabei manchmal akzeptiert werden muss, dass den E-Mail-Nachrichten einige wenige Werbezeilen durch die Betreiber angehängt werden, so ist das doch mehr als ein faires Geschäft. „Freemail"-Konten sind für Ihre Zwecke völlig ausreichend. Obwohl einige Bewerbungs-fachleute davon abraten, kostenfreie E-Mail-Konten (inklusive Wer-bung) zu verwenden, sind mir bis heute keine Beispiele bekannt, in de-nen damit negative Erfahrungen gemacht wurden.

Einige bekannte E-Mail-Anbieter sind (alphabetische Reihenfolge):

Aol, Freenet, Gmx, Googlemail, Hotmail, Live, Web, Yahoo usw.

Darüber hinaus gibt es E-Mail-Angebote, die im Gesamtpaket von Tele-kommunikationsverträgen enthalten sind, wie z.B. bei T-Online.

Auch wenn Sie ein geübter Nutzer sind, empfehle ich Ihnen eine ,unbelastete', das heißt eine nagelneue E-Mail-Adresse einzurichten. Insbesondere E-Mail-Adressen können durch Arbeitgeber am einfachs-ten online recherchiert werden. Man gibt sie einfach in eine Internet-suchmaschine ein und schaut sich die Suchergebnisse an. Eine ganz neue Adresse ist online nicht ,belastet'.

Ebenso ist auch auf die Seriosität der eigentlichen E-Mail-Adresse zu achten (also nicht sexy.angel@mail.de, dark.devil@mail.de, süs-se.maus@mail.de, etc.). Folgende Namensstrukturen sind eher geeignet:

nachname@ .... .de

vorname.nachname@ .... .de

vorname_nachname@ .... .de

v.nachname@ .... .de

Falls die gewünschte Adresse bei Ihrem Anbieter bereits vergeben ist, müssen Sie variieren. Mit dem Anhängen einer individuellen Zahlenkolonne an Ihren Namen (z.B. mustermann1234@ .... .de) können Sie beispielsweise diese Problematik leicht lösen. Auf jeden Fall sollte in Ihrer Adresse zumindest Ihr Nachname enthalten sein. So können beim Empfänger Ihre Nachrichten schneller zugeordnet, gespeichert und wiedergefunden werden.

7.2 Vorbereitungen

Ich empfehle Ihnen, von Anfang an am PC nur solche Dokumente anzufertigen, die sowohl online als auch für eine klassische Bewerbungsmappe zugleich nutzbar sind.

> **Bei der Erstellung der Dateien für Bewerbungsunterlagen wird heute nicht mehr in Online- oder Post-Version unterschieden.**

Wenn Sie diese Anforderung erfüllen, ersparen Sie sich doppelte Arbeit: Sollte von einem Unternehmen, einer Behörde oder einer sonstigen Einrichtung noch eine Bewerbung per Post erwünscht werden, müssen Sie nur Ihre am PC erstellten Dateien ausdrucken und können das Ganze ohne größeres Nachdenken in eine Mappe einheften. Wenn stattdessen eine Onlinebewerbung per E-Mail notwendig ist, hängen Sie die gleichen Dateien einfach der E-Mail an. Um diese effektive Vorgehensweise zu ermöglichen, sind jedoch einige Vorbereitungen zu treffen:

> **Alle Bestandteile Ihrer „Vollständigen Bewerbungsunterlagen" müssen zunächst einmal in digitaler Form vorliegen.**

Das Anschreiben, den Lebenslauf sowie das Erfahrungsprofil müssen Sie nicht mehr digitalisieren. Diese haben Sie ja bereits am PC erstellt. Jetzt müssen Sie nur noch Ihre Zeugnisse, Zertifikate und sonstigen Belege digitalisieren. Das heißt, Sie müssen das Ganze einscannen und währenddessen auf Folgendes achten:

Scannen Sie mit einer Auflösung von zirka 200 dpi.

Verwenden Sie immer das Originaldokument als Vorlage.

Schneiden Sie schon mithilfe Ihrer Scan-Software das Dokument richtig zu. Zentrieren Sie den Inhalt Ihrer Belege und lassen Sie keine unschönen Scan-Ränder entstehen.

Falls Sie mehr als zehn Belege zu scannen haben, sollten Sie in den s/w-Modus wechseln. Dies reduziert die Datenmenge.

Jeder Scanner (bzw. Kombi-Drucker mit Scanner-Funktion) verfügt über eine mitgelieferte Software, mithilfe derer Sie die erforderlichen Einstellungen vornehmen können. Auf welche Weise dies machbar ist, hängt jedoch spezifisch von Ihrem verwendeten Gerät ab. Schauen Sie einfach in Ihr Handbuch oder recherchieren Sie Ihren Scanner im Internet. Dort finden Sie schnell zu allen Fragen die passenden Antworten.

Fehlt noch das Bewerbungsfoto und Ihre Unterschrift. Mit hoher Wahrscheinlichkeit liegt Ihnen zumindest Ihr Bild schon digital vor. Viele Fotografen überreichen heute Ihren Kunden eine CD/DVD, auf der die Bewerbungsfotos als JPEG-Dateien abgelegt sind.

Falls Sie keine CD/DVD erhalten haben, ist dies auch nicht weiter tragisch. Sie müssen Ihr Foto dann ebenfalls einscannen bzw. einscannen lassen. Dabei ist das Gleiche zu beachten, wie bei Ihren Belegen. Jedoch empfehle ich Ihnen, die Auflösung, das heißt die grafische Qualität, zu erhöhen. Ebenso benötigen Sie ein bestimmtes Format. Dies gilt auch für Ihre Unterschrift. Die dabei zu beachtenden Kriterien sind folgende:

Gescannte Bewerbungsfotos und Unterschriften sollten eine Auflösung von zirka 300 dpi aufweisen.

Schneiden Sie schon beim Scannen die Ränder zu.

Wählen Sie dabei das JPEG-Format.

Die so entstehenden JPEG-Dateien fügen Sie dann an der gewünschten Stelle Ihres Lebenslaufs ein (beispielsweise bei MS Word: MENÜZEILE / EINFÜGEN / GRAFIK AUS DATEI EINFÜGEN). Damit ist die Datei mit

Ihrem Lebenslauf für beide Wege der Übermittlung zumindest schon einmal vorbereitet. Im Falle einer Bewerbungsmappe per Post, drucken Sie das Ganze inklusive des darin integrierten Fotos und der Unterschrift einfach mit aus. Die Qualität der heute handelsüblichen Drucker ist auf einem hohen Niveau angekommen. Das Printergebnis gewährleistet demnach eine ausreichende grafische Güte.

Das Einkleben von Bewerbungsfotos ist nicht mehr zeitgemäß.

Im Übrigen haben Sie beim Scannen Ihrer Zeugnisse und sonstigen Belege die Wahl (im Gegensatz zum „Foto" und Ihrer „Unterschrift"), welches Datei-Format Sie nutzen möchten – JPEG oder PDF. Die Entscheidung, welcher Datei-Typ für Sie zweckmäßig ist, wird davon beeinflusst, wie Sie Ihre digitalisierten Belege weiterverarbeiten möchten. Dabei ist es im Vorfeld wichtig zu wissen, aus wie viel Dateien Ihre vollständigen Bewerbungsunterlagen später bestehen sollen.

7.3 Anzahl der angehängten Dateien

Je weniger Dateien Sie Ihrer E-Mail-Bewerbung anhängen, umso schneller und bequemer ist auf der Empfängerseite die Sichtung Ihrer Unterlagen möglich. Folgende drei Varianten sind zweckmäßig:

- **Die Eine-Datei-Variante**
- **Die Zwei-Dateien-Variante**
- **Die Drei-Dateien-Variante**

Widmen wir uns zunächst der ersten Möglichkeit.

Eine-Datei-Variante

Hier sind alle Bestandteile Ihrer Bewerbungsunterlagen, das heißt Anschreiben, Lebenslauf, eventuell Erfahrungsprofil sowie sämtliche Zeugnisse und Belege in einer einzigen Datei enthalten. Dies ist meist die beliebteste Form, zumindest aus Arbeitgebersicht. Der Betrachter muss am Bildschirm lediglich eine einzige Datei öffnen und kann sofort in der gesamten Bewerbungsunterlage vor- bzw. zurückscrollen. Zudem braucht er nicht über die richtige Reihenfolge der einzelnen Bestandteile der Bewerbung nachzudenken, wenn er das Ganze ausdrucken möchte. Der dabei entstehende Stapel Papier gleicht faktisch einer per Post eingegangenen Bewerbung – nur eben ohne Mappe.

Um im Ergebnis diese „Eine-Datei-Variante" für Ihre Bewerbungsunterlagen zu erhalten, gibt es technisch gesehen zwei grundlegende Vorgehensweisen. Ich stelle Ihnen die eleganteste als Erstes vor.

Sie schreiben am PC das Anschreiben, den Lebenslauf und das Erfahrungsprofil in ein einziges Dokument. Des Weiteren scannen Sie Ihre Zeugnisse und sonstigen Belege im JPEG-Format. Dieser Dateityp gewährleistet, Ihre Scans in dasselbe Dokument, in dem schon Ihr Anschreiben sowie Lebenslauf/Erfahrungsprofil enthalten ist, einzufügen (das gleiche Prozedere wie beim Foto oder bei der Unterschrift, z.B. bei MS Word: MENÜZEILE / EINFÜGEN / GRAFIK AUS DATEI EINFÜGEN). Auf diese Weise erscheinen in einer einzigen Datei alle Bestandteile Ihrer Bewerbungsunterlagen zugleich. So müssen Sie keine zahlreichen, einzeln erstellten Dokumente bzw. Dateien umständlich im Nachhinein aneinanderhängen. Sie haben alles schon komplett zusammen. Darüber hinaus müssen Sie später nur noch ein einziges Dokument in das PDF-Format (später mehr dazu) umwandeln.

Ein weiterer schöner Effekt dieser Vorgehensweise besteht darin, dass dabei Ihre Kopf- oder Fußzeile durchgehend auch über jedem Zeugnis und sonstigem Beleg erscheint. Dies sieht besonders elegant aus. Gleichzeitig ist jede einzelne Seite eindeutig Ihren „Vollständigen Bewerbungsunterlagen" zuordenbar. Dies ist insbesondere dann elementar wichtig, wenn zuarbeitende Mitarbeiter auf der Arbeitgeberseite zahlreiche Unterlagen von mehreren Bewerbern gleichzeitig ausdrucken. Falls alle Ausdrucke mal wieder einem einzigen Chaos gleichen, weil sich die Seiten unterschiedlicher Kandidaten ineinander verschoben haben, kann zumindest Ihre Bewerbung simpel herausgefischt werden.

Die zweite, etwas umständlichere Möglichkeit, um nur eine einzige Bewerbungsdatei zu erhalten, ist, alle Bestandteile Ihrer Bewerbungsunterlagen in separaten Dokumenten zu schreiben, danach sämtliche Dateien in einzelne PDFs umzuwandeln und diese dann mithilfe einer speziellen PDF-Software zusammenzufügen. Voraussetzung für diese Vorgehensweise ist jedoch, im Vorfeld Ihre Zeugnisse und Belege nicht im JPEG, sondern im PDF-Format gescannt zu haben, da sich verschiedene Dateitypen nur sehr schwierig zusammenfassen lassen.

Zwei-Dateien-Variante

Diese Möglichkeit unterscheidet sich nicht wesentlich von der „Eine-Datei-Variante". Der einzige Unterschied ist, dass Sie das Anschreiben außen vor lassen und nicht in die eigentlichen Bewerbungsunterlagen integrieren. Es wird in einem gesonderten Dokument verfasst.

Legen Sie also für das Anschreiben eine separate Datei an, müssen Sie am PC nicht immer wieder in das gesamte Dokument mit Ihren übrigen Bewerbungsunterlagen eingreifen. Das ist besonders für Sie, also aus Bewerbersicht sehr vorteilhaft. Da Sie auch ein wenig an sich denken sollten, empfehle ich diesen Weg:

> **Ihre „Vollständigen Bewerbungsunterlagen" sollten idealerweise aus zwei Dateien bestehen.**

Mir ist bewusst, dass einige wenige Bewerbungsfachleute eher zur der „Eine-Datei-Variante" raten. Ich persönlich halte dies jedoch für zu umständlich. In den meisten Bewerbungsfällen müssen Sie lediglich das Anschreiben individuell modifizieren. Lebenslauf, Erfahrungsprofil sowie Ihre eingefügten Zeugnisse und Belege bleiben unverändert. Ist Ihr Anschreiben in einer anderen Datei untergebracht, brauchen Sie nicht immer wieder das Risiko hinzunehmen, in Ihre übrigen fertig formatierten Seiten versehentlich einen Fehler einzubauen. Zudem habe ich von der Arbeitgeberseite noch nie eine Beschwerde zu hören bekommen, anstelle einer einzigen Datei zwei erhalten zu haben.

Drei-Dateien-Variante

Als gerade noch akzeptable Alternative können Sie Ihre Zeugnisse auch vom Lebenslauf und Anschreiben trennen. Damit würden in der Summe drei Dateien entstehen. Eine Datei mit Ihrem Anschreiben, eine mit dem Lebenslauf bzw. Erfahrungsprofil und eine mit allen Ihren Zeugnissen sowie Belegen. Damit ist aber auch in Sachen Anzahl angehängter Dateien das Ende der Fahnenstange erreicht.

Belästigen Sie bitte bei Ihrer Onlinebewerbung per E-Mail niemanden mit einer Vielzahl angehängter Dateien.

Diese müssten auf der Empfängerseite alle einzeln geöffnet werden. Zudem besteht die Gefahr, falls Ihre Bewerbung ausgedruckt werden sollte, dass einzelne Dateien versehentlich vergessen werden. Darüber hinaus könnte die Reihenfolge der einzelnen Seiten Ihrer Unterlagen völlig vertauscht werden. Ganz zu schweigen davon, dass einige zuarbeitende Mitarbeiter einfach keine Lust oder Zeit haben, Bewerbungen, die mit einer Masse von Anhängen gespickt sind, professionell abzuarbeiten.

Das Versenden von drei Dateien ist also das Maximum, ohne dass Sie das Risiko eingehen, den Empfänger Ihrer Onlinebewerbung zu nerven. Ich persönlich jedoch rate eher zur „Zwei-Dateien-Variante". Diese ist für Sie und Ihren Bewerbungsalltag besser zu managen.

7.4   Datei-Formate

Ihren tabellarischen Lebenslauf mit dem Erfahrungsprofil sowie Ihr Anschreiben können Sie mit einem herkömmlichen, das heißt mit Ihrem vorhandenen Standardprogramm für Textverarbeitung erstellen. Welche

Software Sie dafür nutzen, ist zweitrangig. Alle entsprechenden Programme haben eines gemeinsam: Es entstehen „Offene Arbeitsdateien". Wie dieser Name bereits deutlich macht, sind diese offen für die Eingabe bzw. Bearbeitung, nicht nur durch Sie, sondern für jedermann der darauf Zugriff hat. Daher sind solche Dateiformate für die Übermittlung an fremde Personen ungeeignet. Zudem ist die Datenmenge meist zu groß, um sie später noch per E-Mail versenden zu können. Die Verwendung eines „Geschlossenen Dateiformats" ist also notwendig. Zugleich soll es die Reduzierung der Datengröße gewährleisten.

Die aufgezählten Anforderungen erfüllt das sogenannte PDF-Format hervorragend. Dieser Datei-Typ gilt heute als Standard für die digitale Übermittlung von Dokumenten:

Bevor Sie Bewerbungsunterlagen online versenden können, müssen Sie diese in ein PDF-Format umwandeln.

Es gibt weitere Vorteile durch PDF-Dateien: Wie Sie vielleicht wissen, wird das, was Sie auf Ihrem PC-Bildschirm zu Hause sehen, letztendlich von der Software (bzw. Version) beeinflusst, die aktuell bei Ihnen installiert ist. Gut formatierte Dokumente, die auf Ihrem Monitor perfekt wirken, könnten auf dem Computer des Empfängers jedoch ganz anders aussehen. Dies ist nämlich von der verwendeten Software im angeschriebenen Unternehmen abhängig. Haben Sie also Ihren Text oder Ihre Grafiken repräsentativ formatiert und versenden das Ergebnis per E-Mail, kann es durchaus passieren, dass Ihr schönes Layout beim Empfänger völlig zusammenfällt. Diese Problematik wird durch das PDF-Format ebenfalls bestens gelöst.

Das PDF-Format gewährleistet die identische Darstellung Ihrer Bewerbungsunterlagen auch auf anderen PCs.

Diese Tatsache ist von größter Bedeutung für Sie. Es wäre sehr schade, wenn Sie Ihre Dokumente elegant und professionell gestaltet hätten und am Computer des Arbeitgebers sieht das Ganze katastrophal aus.

Darüber hinaus gewährleisten PDFs, dass Ihre Daten auf der Arbeitgeberseite nicht mehr so leicht veränderbar sind. Es ist also nicht mehr möglich, dass Ihre Bewerbung deshalb ‚zerstört' wird, nur weil der Personaler am PC Frühstückspause macht und versehentlich sein Butterbrot auf die „Enter-Taste" fallen lässt. Zudem können Ihre Dateien auf jeden Fall von der Gegenseite geöffnet werden, unerheblich davon, welche Textverarbeitungssoftware Sie oder der Empfänger nutzen.

Bewerbungen im PDF-Format sind garantiert einsehbar!

Auch dies ist ein wichtiges Kriterium, schließlich können Unterlagen oft deshalb nicht geöffnet werden, nur weil der Datei-Typ nicht stimmt. Trifft man dort dann auf überlastete Beschäftigte, ist es durchaus möglich, dass allein aus diesem Grund Ihre Bewerbung nicht weiterverfolgt wird. Summa summarum benötigen Sie eine entsprechende Software:

Ein PDF-Umwandler muss auf Ihrem PC installiert sein.

Das heißt, Sie erstellen auf Ihrem Rechner mit einem x-beliebigen Textverarbeitungsprogramm Ihre Bewerbungsunterlagen und wandeln diese anschließend in ein allgemeingültiges PDF-Format um.

Es ist also ein PDF-Maker notwendig (nicht zu verwechseln mit dem „Adobe Acrobat Reader"). Falls Ihr Computer ein bisschen in die Jahre gekommen ist oder Sie ältere Programme nutzen, könnte ein PDF-Umwandler auf Ihrem PC nicht vorhanden sein. Ob dies bei Ihnen der Fall ist, können Sie auf einfache Weise testen:

1. **Öffnen Sie mit Ihrem Textverarbeitungsprogramm ein neues oder bestehendes Dokument.**

2. **Klicken Sie anschließend auf SPEICHERN UNTER – es erscheint ein neues Fenster.**

3. **Bevor Sie bei diesem SPEICHERN UNTER-Fenster das OK betätigen, klicken Sie unten auf DATEITYP und schauen sich dort alle Optionen für Dateiformate an, die aktuell zur Verfügung stehen.**

4. **Suchen Sie nach dem Dateityp „PDF".**

Werden Sie fündig, ist bereits ein PDF-Maker auf Ihrem Computer installiert. Wenn nicht, ist dies nicht problematisch: Sie müssen sich lediglich eine PDF-Software besorgen. Am besten eine „Freeware". Das sind Programme, die Sie als Privatperson aus dem Internet kostenlos herunterladen können (downloaden). Auch wenn Sie über keine umfangreichen PC-Kenntnisse verfügen, stellt dies kein Problem dar. Eine solche Software-Installation ist auch für Laien simple durchzuführen.

So nutzen viele Jobsuchende für die Umwandlung Ihrer Dokumente Gratissoftware, wie beispielsweise „FreePDF" „PDFCreator", „PDF 24 Creator" etc. Falls Sie solche Programme verwenden möchten, geben Sie einfach die Begriffe FREEPDF, PDFCREATOR oder PDF24 CREATOR in eine von Ihnen bevorzugte Suchmaschine ein (Bing, Google, Yahoo, etc.). Dann werden Ihnen zahlreiche Internetseiten angezeigt, auf denen Sie das Programm kostenfrei downloaden können. Wählen Sie eine Internetpräsenz Ihres Vertrauens aus (beispielsweise die Seite einer bekannten Fachzeitschrift) und installieren Sie die Software gemäß den dort folgenden Anweisungen auf Ihren Rechner. Sie starten das Ganze mit einem Mausklick auf den Button DOWNLOAD.

Zu Ihrer Information sind speziell bei der „FreePDF"-Software drei Auflösungen (HIGH QUALITY, MEDIUM QUALITY, EBOOKS) wählbar. Mit dem Begriff „Auflösung" ist die grafische Qualität der dann entstehenden PDF-Dateien gemeint. Diese beeinflusst zusätzlich die entstehende Datenmenge. Je höher die Auflösung, umso größer wird Ihre Datei. Diese Tatsache müssen Sie unbedingt berücksichtigen:

Dateien, die Bewerbungsunterlagen enthalten, sollten in der Summe nicht größer als drei Megabyte sein.

Auch diese Maßgabe ist für Sie entscheidend! Manche Firmen begrenzen die maximale Größe eingehender E-Mail-Anhänge. Der Hintergrund für diese Maßnahme ist, bestehende Speicher-Kapazitäten beim Unternehmen zu schonen. Um sicher zu gehen, dass Ihre Nachricht intern nicht blockiert wird, müssen Sie auf die Dateigröße unbedingt achten.

Mit der mittleren FreePDF-Einstellung MEDIUM QUALITY können Sie die Datenmenge Ihrer Unterlagen deutlich reduzieren (falls erforderlich). So erreichen Sie, dass Ihre Dateien nicht zu groß werden. Zugleich ist das grafische Ergebnis auf einem ausreichend hohen Niveau.

7.5 Ablauf der E-Mail-Bewerbung

Nun geht es zur eigentlichen Onlinebewerbung per E-Mail. Durch die bisherigen Empfehlungen liegen Ihnen nun Ihre Bewerbungsunterlagen fix und fertig als PDF-Dateien vor. (eine, zwei oder drei Dateien). Sie befinden sich auf der Zielgeraden. Auf den letzten Metern sollten Ihnen keine Leichtsinnsfehler mehr unterlaufen, wie z.B. Tippfehler:

Nutzen Sie ab jetzt hauptsächlich nur noch Ihre PC-Maus.

Sie öffnen jetzt Ihr E-Mail-Konto und klicken NEUE E-MAIL, E-MAIL SCHREIBEN oder Ähnliches an. Nun haben Sie Folgendes zu tun:

1. **Textfeld und die Betreffzeile ausfüllen.**

2. **PDFs mit Ihren Bewerbungsunterlagen hochladen.**

3. **E-Mail-Adresse des Empfängers eingeben.**

4. **Bewerbung absenden.**

Textfeld und Betreffzeile ausfüllen

Selbstverständlich könnten Sie jetzt schreiben. „...hiermit sende ich Ihnen meine Bewerbungsunterlagen zu." Und alles Weitere sieht der Empfänger, wenn er Ihre PDFs öffnet. Dies wirkt jedoch etwas plump, wie ich finde. Viel eleganter wäre es, wenn Sie dem Gegenüber ein paar weitere Zeilen schreiben würden. Dabei besteht aber die Gefahr von Wiederholungen, schließlich gibt es zu diesem Zeitpunkt ja schon ein fertiges, Korrektur gelesenes Bewerbungsanschreiben. Zudem gehen Sie das

Risiko ein, Tippfehler einzubauen, wenn Sie spontan neue Sätze formulieren. Damit Sie sich also keine doppelte Arbeit machen, mehr Inhalt in das Textfeld hineinbringen und nicht mehr die Tastatur Ihres Computers nutzen müssen, empfehle ich Nachstehendes:

Kopieren Sie einfach den Text Ihres offiziellen Bewerbungsanschreibens noch einmal in das Textfeld Ihrer E-Mail.

Öffnen Sie also an Ihrem Rechner dasjenige Dokument, das Ihr Anschreiben enthält, markieren Sie dort den Text (ab der „Anrede-Zeile") und kopieren Sie das Ganze einfach in das Textfeld Ihrer E-Mail:

1. **Die Datei mit Ihrem Bewerbungsanschreiben öffnen.**

2. **Linke Maustaste gedrückt halten und über den zu markierenden Text ziehen. Mit dem Mauszeiger auf den markierten Text gehen, rechte Maustaste betätigen und KOPIEREN anklicken.**

3. **Dokument wieder schließen und das E-Mail-Konto öffnen.**

4. **Mit der linken Maustaste auf E-Mail-Textfeld klicken, dann die rechte Maustaste betätigen und EINFÜGEN anklicken.**

Das war es dann auch schon: Im Textfeld Ihrer E-Mail erscheint jetzt Ihr Bewerbungsanschreiben, ohne dass Sie die Tastatur berührt haben. Ihr Anschreiben ist also faktisch zweimal in Ihrer Onlinebewerbung enthalten. Zum einen als eigentliche E-Mail-Nachricht und zum anderen als hochgeladene Datei. So kann der Leser auf der Gegenseite selbst entscheiden, ob er Ihr Anschreiben an seinem Monitor sofort lesen oder Ihre PDFs herunterladen bzw. als korrekt formatiertes Anschreiben ausdrucken möchte. Diese Empfehlung, das Anschreiben doppelt in Ihre E-Mail zu integrieren, resultiert wieder aus verschiedenen Bearbeitungsabläufen der Arbeitgeberseite.

Manchmal geht Ihre Onlinebewerbung direkt an einen Entscheidungsträger. Solchen Leuten geben Sie sofort etwas zu lesen, wenn Ihre Bewerbung angeklickt wird. Hier ist es unerheblich, ob Ihr Anschreiben im Textfeld völlig unformatiert dargestellt wird (was bei E-Mails üblich ist, wenn die Funktion „Text" statt „HTML" eingestellt ist).

Der andere Fall ist, wenn das Ganze durch zuarbeitende Mitarbeiter bearbeitet wird. Hier werden Ihre Unterlagen meist nur ausgedruckt und an die jeweiligen Verantwortlichen weitergeleitet. Dabei ist es für Sie jedoch wichtig, dass das Anschreiben auch in der ursprünglichen, von Ihnen gewählten Formatierung ausgedruckt wird. Allerdings kennen Sie die individuelle Konfiguration des Empfänger-E-Mail-Kontos nicht (z.B. „Text/HTML", „Zeichenanzahl je Zeile" etc.). Sie wissen also nicht, wie Ihr Text bei Ihrem Gegenüber dargestellt wird. Ist Ihr Anschreiben dann zusätzlich als Datei angehängt, können Ihnen diese PC-Einstellungen völlig egal sein. Wird Ihr PDF im Anhang ausgedruckt, gleicht das Druckergebnis exakt dem eines Briefes, so als wäre dieser per Post eingegangen. Der Text bleibt exakt in der von Ihnen gewählten Form. Wird dieser dann einem Vorgesetzen vorgelegt, wirkt Ihr Anschreiben professioneller.

Bleibt noch das Ausfüllen der Betreffzeile Ihrer E-Mail-Nachricht. Dabei nehmen Sie die Tastatur Ihres PCs ebenfalls nicht in die Hand:

Kopieren Sie die Betreffzeile aus Ihrem Bewerbungsanschreiben in die BETREFF-Eingabemaske Ihres E-Mail-Kontos.

Sie kennen jetzt das Prozedere: Das Anschreiben öffnen, die Betreffzeile markieren/kopieren und in Ihrer E-Mail an der richtigen Stelle einfügen.

Bewerbungsunterlagen hochladen und absenden

Jetzt folgt die simpelste Aufgabe: In Ihrer geöffneten „Neuen E-Mail" gibt es irgendwo einen Button HOCHLADEN oder DATEIANHÄNGE o.Ä. Diesen haben Sie anzuklicken. Anschließend geht ein Fenster auf, in dem Sie angeben müssen, in welchem Ordner auf Ihrem Rechner Sie Ihre fertigen PDFs abgespeichert haben. Dann führen Sie einen Doppelklick aus und Ihre Bewerbungsunterlagen werden hochgeladen. Haben Sie eine zweite Datei anzuhängen, wiederholen Sie das Ganze.

Grundsätzlich ist Ihre letzte Handlung immer die Eingabe der E-Mail-Adresse des Empfängers. Geben Sie diese immer erst ganz zum

Schluss ein, das heißt, wenn alles andere als ‚absendebereit' überprüft ist. Damit verhindern Sie Peinlichkeiten. Manchmal gibt es an Ihrem PC bestimmte Konstellationen, mit denen E-Mails plötzlich und unbeabsichtigt abgesendet werden, obwohl Sie noch mitten im Eingeben Ihres Textes oder beim Hochladen von Dateien sind. Dann erhält Ihr Gegenüber eine seltsame, halbfertige Nachricht. Dieser Fauxpas kann Ihnen nicht passieren, wenn es während der Eingabe Ihrer Onlinebewerbung noch keine Empfängeradresse gibt.

Ist schließlich alles eingegeben, ist Ihre letzte Handlung das Anklicken von SENDEN – Ihre Onlinebewerbung per E-Mail ist unterwegs.

Im Übrigen sollten Sie einer Versuchung widerstehen: Wenn Bewerbungsunterlagen schließlich in einem hochwertigen Zustand erscheinen, sind manche allzu begeistert. Bewerber kommen dann in ihrer Euphorie auf die fatale Idee, zahlreiche Firmen initiativ mit Ihren Unterlagen zuzupflastern. Was sie dabei übersehen ist, dass manche EDV-Systeme eingehende E-Mails unbekannter Herkunft automatisch löschen, wenn Dateien angehängt sind. So wird das Virenrisiko minimiert.

Versenden Sie niemals unaufgefordert Bewerbungsdateien.

Dies gilt auch für Bewerbungsmappen! Es müsste sich herumgesprochen haben, dass es heute zum guten Ton gehört, sich im Vorfeld das O.K. von Arbeitgebern einzuholen, wenn man sich bewerben möchte (Ausnahme: Stelleninserate, da werden Sie ja ausdrücklich darum gebeten). Falls Sie wissen möchten, wie Sie am besten Ihre neuen Unterlagen einsetzen können, empfehle ich Ihnen den Folgeband dieses Buchs: „In vier Wochen zum besseren Job". Jetzt noch einen abschließenden Tipp:

Vor Ihrer allerersten E-Mail sollten Sie einen Test durchführen.

Senden Sie Ihre Bewerbung per E-Mail zunächst einer/m Bekannten. Wird Ihre Nachricht dort empfangen? Können Ihre Dateien geöffnet werden? Werden diese dort genauso dargestellt wie an Ihrem Monitor?

8 Versand über Internetportale

Insbesondere bei bekannteren Unternehmen können gewaltige Mengen von Bewerbungsunterlagen eingehen. Um dieser Datenflut Herr zu werden, haben mittlerweile viele Arbeitgeber Bewerberportale auf ihren Internetpräsenzen eingerichtet. Damit wird die Voraussetzung geschaffen, Arbeitssuchende zur Bewerbung bequem auf eine Homepage verweisen zu können. Oft übernimmt dann eine interne Software die weitere, automatisierte Verarbeitung der Bewerberdaten.

So entstehen auf der Arbeitgeberseite nahezu keine Kosten mehr. Die zeitintensive Bearbeitung zahlloser Unterlagen kann so einfach gesteuert und kompensiert werden. Jedem Kandidaten wird suggeriert, dass er sich theoretisch jederzeit bewerben könne. Ob die Bewerbungen in allen Unternehmen auch bei den richtigen Ansprechpartnern ankommen, bezweifle ich jedoch erheblich. Die meisten Jobsuchenden folgen aber leichtgläubig den jeweiligen Anweisungen und tippen ihre Daten in die Online-Masken ein. Danach geht das Hoffen und Bangen los.

Sie jedoch sollten Ihre Erwartungshaltung nicht zu hochsetzen. Sind Sie mit Bewerberportalen erfolgreich, ist das eine angenehme Überraschung. Falls nicht, wurden lediglich Ihre Erwartungen bestätigt.

Vermeiden Sie möglichst, sich über Bewerberportale auf den Internetseiten von Unternehmen zu bewerben.

Selbstverständlich darf nicht unerwähnt bleiben, dass die Situation, ein Internetportal für Bewerbungszwecke nutzen zu müssen, nicht immer verhindert werden kann. Insbesondere bei bekannten Markennamen, bei

Dieter L. Schmich

denen der Bewerberansturm besonders hoch ist, hat man meist keine andere Wahl, als diese fragwürdige Form der Onlinebewerbung zu akzeptieren. Demnach muss ich auch in diesem Buch darauf eingehen.

Grundsätzlich stellt sich das Eingeben Ihrer Daten problemlos dar. Folgen Sie einfach den Anweisungen der jeweiligen Internetseiten, die allerdings bei jedem Portal unterschiedlich sind. Haben Sie die Empfehlungen dieses Buchs bei der Erstellung Ihrer Bewerbungsunterlagen umgesetzt, erfüllen Sie alle Voraussetzungen, um sich aussagekräftig und zeitgemäß zu bewerben. Zusätzlich gibt es Folgendes zu beachten:

- **Leicht auszufüllende Eingabefelder dürfen Sie nicht dazu verleiten, mangelnde Sorgfalt an den Tag zu legen.**

- **Das gilt ebenso für die Zeugnisse, Zertifikate und sonstigen Belege. Laden Sie so viele wie möglich hoch. Nur so können Sie sich von anderen Jobsuchenden abgrenzen.**

- **Rechnen Sie immer damit, dass Ihre eingetippten Angaben durch eine Software weiterverarbeitet werden. Verwenden Sie deshalb eindeutige und gängige Bezeichnungen. So kann Ihre Bewerbung durch typische Suchbegriffe besser gefunden werden.**

- **Achten Sie darauf, dass Sie keine zu großen Dateien hochladen. Werden auf dem Onlineportal keine Grenzwerte für die maximale Dateiengröße genannt, sollten ein Megabyte je Datei sicherheitshalber nicht überschritten werden.**

- **Es ist grundsätzlich ein Anschreiben als Datei hochzuladen. Auch dann, wenn ein Feld für einen individuellen Text vorhanden ist. Falls Ihre Bewerbung auf der Arbeitgeberseite ausgedruckt wird, entstehen so repräsentativere Unterlagen.**

Die Vorgaben gewünschter Dateiformate sind ebenso zu beachten. Sind dazu auf dem Bewerberportal keine Angaben zu finden, verwenden Sie ausschließlich das PDF-Format.

Abschließend rate ich Ihnen, kritisch zu prüfen, wo Sie Ihre Daten eingeben. Achten Sie immer darauf, dass Sie sich wirklich auf der Seite eines potenziellen Arbeitgebers befinden und nicht im Vorfeld auf irgendwelche dubiosen Internetpräsenzen umgeleitet wurden.

9 Versand als Mappe

Der Versand von Bewerbungsmappen per Post war noch vor einigen Jahren ein üblicher Vorgang. Diese Form der Übermittlung von Dokumenten ist jedoch ein Auslaufmodell und wird es in absehbarer Zeit nicht mehr geben!

Dennoch gibt es auch heute noch Unternehmen, Behörden und sonstige Einrichtungen, die diese Variante vergangener Jahre noch wünschen. Infolgedessen verliere ich zum Schluss dieses Ratgebers noch ein paar wenige Worte zur eigentlichen Bewerbungsmappe.

Haben Sie alle bisherigen Ratschläge befolgt, liegen Ihnen nun alle Bestandteile Ihrer Bewerbungsunterlagen in Form einer bis zwei fix und fertigen Dateien vor (eventuell auch drei). Durch die Vorgabe, nur solche Dateien zu erstellen, die sowohl für Online- als auch für Printbewerbungen einsetzbar sind, ist das Erstellen von Bewerbungsmappen ein Kinderspiel. Sie brauchen nur noch die Datei (bzw. Dateien), die Ihre Bewerbungsunterlagen enthalten, auszudrucken – das war es im Prinzip.

Dann müssen Sie Ihre ausgedruckten Seiten mit dem Anschreiben, dem Lebenslauf, eventuell dem Erfahrungsprofil und den Belegen nur noch in eine Bewerbungsmappe einheften und schließlich per Post versenden. Dabei sollten Sie auf ein paar Kleinigkeiten achten:

Um den Umschlag nicht per Hand beschriften zu müssen, sollten Sie Fensterkuverts verwenden. In diesem Fall ist Ihr Anschreiben nicht Bestandteil der Mappe. Es liegt lose oben auf. Nur so ist die Empfängeradresse durch das Fenster des Kuverts sichtbar.

Die Farbe der Bewerbungsmappe ist unerheblich. Auf grelle Töne oder Musterungen sollten Sie jedoch verzichten.

- **Richten Sie sich nach den Arbeitgeberwünschen: Wenn in einer Stellenanzeige keine Anschrift, sondern nur die E-Mail-Adresse angegeben ist, dann versenden Sie auf keinen Fall eine Bewerbungsmappe per Post.**

- **Teure dreiteilige Mappen zum Aufklappen können verwendet werden. Diese sind jedoch vom Empfänger umständlich zu handhaben und erhöhen den Sichtungsaufwand.**

- **A4-Klemmhefter sind ebenbürtig. Falls die Deckseite transparent ist, sind Ihre Unterlagen auf einem vollen Schreibtisch besser auffindbar. Zudem verringern diese einfachen Mappen die Sichtungszeit. Ihr Foto und Ihre persönlichen Daten sind bereits zu sehen, ohne dass die Mappe aufgeschlagen werden muss.**

Sollten Ihnen einmal keine Informationen über den gewünschten Versandweg (online oder Post) vorliegen, müssen Sie leider den Bewerbungsweg per Post wählen. Rechnen Sie grundsätzlich mit unzureichenden PC-Kenntnissen von Mitarbeitern und Entscheidungsträgern. Ihnen bleibt dann nichts anderes übrig, als die gute, alte Bewerbungsmappe einzusetzen – sicher ist sicher.

Fazit

Ich fasse den Ablauf zur Erstellung von hochwertigen, zeitgemäßen Onlinebewerbungen und Bewerbungsmappen noch einmal zusammen:

1. Wertfreie Stoffsammlung über sämtliche Berufserfahrungen, Abschlüsse, Positionen bzw. Aufgabenbereiche erstellen (Profiling).

2. Stoffsammlung auf Relevanz prüfen und alles Unnötige streichen.

3. Entscheidung treffen, ob ein Lebenslauf inklusive den Unterpunkten ausreichend ist oder ob zusätzlich ein Erfahrungsprofil beigelegt wird.

4. Mithilfe der Checklisten im Anhang dieses Buchs den tabellarischen Lebenslauf (bzw. das Erfahrungsprofil) und das Anschreiben erstellen.

5. Foto, Unterschrift, Zeugnisse und sonstige Belege digital einfügen.

5. Alle Dokumente zu einer oder zwei Dateien (eventuell auch drei) zusammenfassen und danach in das PDF-Format umwandeln.

6. Korrektur lesen und Testlauf mit Bekannten durchführen.

Ich wünsche Ihnen nun von Herzen viel Erfolg!

Ihr Dieter L. Schmich.

PS: Im Übrigen freue ich mich sehr über Rückmeldungen und Anregungen. Sie können mich im Internet unter den folgenden Profilen erreichen:

www.bewerbungs-center.com

www.xing.com/profile/DieterL_Schmich

In 4 Wochen
zum besseren Job

dielus edition, 2. Teil der Karriere-Trilogie, ISBN 978-3-9815711-0-3

Checkliste: Lebenslauf/Erfahrungsprofil

	Erledigt	Nicht möglich	Noch zu erledigen
Sind alle relevanten Berufserfahrungen, Aufgaben und Verantwortlichkeiten aufgelistet?	☐	☐	☐
Passen die aufgezählten Berufserfahrungen zur beworbenen Position?	☐	☐	☐
Hebe ich mich dabei positiv von anderen Bewerbern ab?	☐	☐	☐
Werden außergewöhnliche Leistungen erwähnt (z.B. Buchpreise, Auszeichnungen, besondere Verkaufserfolge, Ehrungen, usw.)?	☐	☐	☐
Sind alle relevanten Fortbildungen/Zusatzqualifikationen aufgelistet bzw. entsprechend hervorgehoben?	☐	☐	☐
Sind die Stellenwechsel mit einem Aufstieg verbunden und werden die Berufserfahrungen während der beruflichen Laufbahn immer anspruchsvoller?	☐	☐	☐
Ist eindeutig hervorgehoben, ob Berufsausbildungen oder das Studium erfolgreich abgeschlossen wurden?	☐	☐	☐
Spiegelt die Gliederung des Lebenslaufs (Erfahrungsprofils) meinen Kompetenzschwerpunkt wieder?	☐	☐	☐
Ist das Bewerbungsfoto als JPEG-Datei eingefügt?	☐	☐	☐
Ist die grafische Qualität (Auflösung) meines Bildes ausreichend? Keine unschönen Ränder etc.?	☐	☐	☐
Habe ich von meinem Foto genug Varianten Bekannten oder Fachleuten zur objektiven Beurteilung vorgelegt?	☐	☐	☐
Entspricht das Foto meinem aktuellen Aussehen?	☐	☐	☐
Ist ein Deckblatt sinnvoll, um mehr Platz für den eigentlichen Lebenslauf zu schaffen?	☐	☐	☐
Startet der Lebenslauf mit dem aktuellen Status?	☐	☐	☐

	Erledigt	Nicht möglich	Noch zu erledigen
Sind Adresse/Kontaktdaten als Kopf-/Fußzeile formatiert?	☐	☐	☐
Name, Geburtsdatum, Geburtsort, Familienstand und Staatsangehörigkeit angegeben?	☐	☐	☐
Stimmt die chronologische Reihenfolge bei allen Stationen („Amerikanischer Stil")?	☐	☐	☐
Ist der Lebenslauf lückenlos (Zeiträume, die größer als zwei/drei Monate sind)?	☐	☐	☐
Überall Monats- sowie Jahresangaben vorhanden?	☐	☐	☐
Sind alle Stationen vollständig bis zur Schulzeit aufgelistet?	☐	☐	☐
Haben alle Zeitangaben das gleiche Zahlenformat?	☐	☐	☐
Positionen, korrekte Firmenbezeichnung und Ortsangabe bei jeder beruflichen Station als erste Zeile angegeben?	☐	☐	☐
Wirkt der gesamte Lebenslauf übersichtlich und strukturiert? Erhält man schon nach zirka zwanzig Sekunden einen Gesamteindruck über alle Kompetenzen?	☐	☐	☐
Beträgt der linke Rand mindestens drei Zentimeter?	☐	☐	☐
Schriftgröße zwischen 10 und 12pt?	☐	☐	☐
Keine grellen Farben oder zu extravagante Schriften verwendet? (Ausnahme: Medien bzw. kreative Berufe)	☐	☐	☐
Ist das Datum am Ende des Lebenslaufs aktuell?	☐	☐	☐
Unterschrift gescannt und eingefügt?	☐	☐	☐
Tippfehler? Von Dritten Korrektur gelesen?	☐	☐	☐
Bestehen meine vollständigen Bewerbungsunterlagen inklusive aller Zeugnisse und Belege aus maximal zwei Dateien (alternativ: eine oder drei)?	☐	☐	☐
Alles in das PDF-Format umgewandelt?	☐	☐	☐
Weisen die Dateinamen logisch auf den Inhalt hin und ist der Nachname enthalten (z.B. LebenslaufMusterfrau.pdf)	☐	☐	☐
Ist die Gesamtgröße aller Dateien kleiner als 3 Megabyte?	☐	☐	☐
Habe ich einen Probelauf durchgeführt? Meine Bewerbungsunterlagen zum Test einem Bekannten gemailt?	☐	☐	☐

Checkliste: Zeugnisse und Belege

	Erledigt	Nicht möglich	Noch zu erledigen
Sind in meinen Arbeitszeugnissen Tätigkeiten und Aufgabenbereiche erwähnt, die relevant sind für meine Profilanalyse?	☐	☐	☐
Stimmen die Zeitangaben im Lebenslauf mit den Daten der angehängten Zeugnisse und Belege überein?	☐	☐	☐
Sind die Zeugnisse/Belege in der gleichen Reihenfolge eingeheftet wie die dazugehörigen Angaben im Lebenslauf?	☐	☐	☐
Ist mir bekannt, welchen Benotungen meine beigelegten Arbeitszeugnisse tatsächlich entsprechen?	☐	☐	☐
Enthalten alle Arbeitszeugnisse idealerweise ausschließlich 1er- oder 2er-Bewertungen?	☐	☐	☐
Ist im Falle von schlechteren oder missverständlich formulierten Arbeitszeugnissen eine Nachbesserung durch ehemalige Arbeitgeber möglich?	☐	☐	☐
Werden alle aufgeführten beruflichen und schulischen Stationen sowie Fort- und Weiterbildungen mit Zeugnissen, Zertifikaten oder Ähnlichem belegt?	☐	☐	☐
Können fehlende Zeugnisse noch beschafft werden?	☐	☐	☐
Steht mir ein aktuelles Arbeitszeugnis meiner letzten Berufstätigkeit zur Verfügung?	☐	☐	☐
Ist die Anfrage nach einem Zwischenzeugnis sinnvoll?	☐	☐	☐
Sind alle Aktivitäten, für die ich Zertifikate oder sonstige Belege meinen Bewerbungsunterlagen beifüge, auch im Lebenslauf bzw. Erfahrungsprofil erwähnt?	☐	☐	☐
Gibt es unschöne Ränder vom Einscannen? Ausschließlich von Originalen gescannt? Grafische Qualität o.k.?	☐	☐	☐

Checkliste: Anschreiben auf Stellenanzeigen

Stoffsammlung für den Inhalt des Bewerbungsanschreibens:

1. Einleitungssatz, positiver Einstieg:
Was finde ich am Unternehmen gut bzw. warum bewerbe ich mich?
Was gefällt mir an der ausgeschriebenen Stelle?

....
....
....
....
....
....
....

2. Abschnitt: Punkte aus meinem fachlichen Profil:
Welche meiner Kenntnisse/Qualifikationen werden in der Anzeige konkret gefordert?
Welche Beispiele aus meinem bisherigen Arbeitsalltag kann ich hier nennen?

....
....
....
....
....
....
....

3. Abschnitt: Stärken aus meinem Persönlichkeitsprofil:
Welche meiner charakterlichen Stärken werden in der Anzeige konkret gefordert?
Welche Beispiele aus meinem bisherigen Arbeitsalltag kann ich hier nennen?

....
....
....
....
....
....
....

Checkliste: Initiative Anschreiben

Stoffsammlung für den Inhalt des Bewerbungsanschreibens:

1. Einleitungssatz, positiver Einstieg, Bezugnahme auf den Erstkontakt:
Was finde ich am Unternehmen gut bzw. warum bewerbe ich mich?
Was ist mir bei meinem Kontakt im Vorfeld angenehm aufgefallen?

....

....

....

....

....

....

....

2. Abschnitt: Punkte aus meinem fachlichen Profil:
Welche meiner Kenntnisse/Qualifikationen könnten vorteilhaft für die Stelle sein?
Welche Beispiele aus meinem bisherigen Arbeitsalltag kann ich hier nennen?

....

....

....

....

....

....

....

3. Abschnitt: Stärken aus meinem Persönlichkeitsprofil:
Welche meiner charakterlichen Stärken sind wohl für die Stelle notwendig?
Welche Beispiele aus meinem bisherigen Arbeitsalltag kann ich hier nennen?

....

....

....

....

....

....

....